AF234149

LA
PRESSION ARTÉRIELLE

DE L'HOMME

A L'ÉTAT NORMAL ET PATHOLOGIQUE

PAR

LE PROFESSEUR C. POTAIN

MEMBRE DE L'INSTITUT

PARIS

MASSON ET Cie, ÉDITEURS

LIBRAIRES DE L'ACADÉMIE DE MÉDECINE

120, BOULEVARD SAINT-GERMAIN

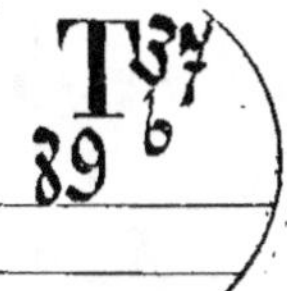

113
.5

LA
PRESSION ARTÉRIELLE
DE L'HOMME
A L'ÉTAT NORMAL ET PATHOLOGIQUE

Tous droits réservés

LA
PRESSION ARTÉRIELLE

DE L'HOMME

A L'ÉTAT NORMAL ET PATHOLOGIQUE

PAR

LE PROFESSEUR C. POTAIN

MEMBRE DE L'INSTITUT

PARIS

MASSON ET Cie, ÉDITEURS

LIBRAIRES DE L'ACADÉMIE DE MÉDECINE

120, BOULEVARD SAINT-GERMAIN

1902

DÉPÔT LÉGAL Seine N° M 1902

A mon ami Marey

professeur au Collège France

PRÉFACE

Ce livre est tout entier écrit de la main du professeur
Potain et témoigne de la part dominante qui lui revient dans
la connaissance et les progrès de la sphygmomanométrie :
il fut, au milieu du travail quotidien, durant sa vie profes-
sionnelle, comme à l'époque de ses laborieuses vacances,
l'objet de ses pensées.

Dans les derniers temps de sa vie il se hâtait de l'achever.
Il voulait notamment rapprocher de ses observations noso-
comiales celles de sa pratique privée et, dans ce but, quelques
jours avant que la mort ne vînt briser son dernier effort, il
avait dépouillé plus de 11 000 fiches, trouvant à chaque pas
quelques éléments nouveaux qui, sans nul doute, eussent
retardé encore l'apparition de cet ouvrage.

En quelques notes additionnelles, à tout dire fort incom-
plètes, j'ai mentionné les faits dont nous nous étions souvent
entretenus, ceux que j'ai pu retrouver dans ses documents.

Ce travail n'est point et ne devait point être, dans son
esprit, une étude d'ensemble de la pression artérielle ni un
exposé dogmatique de ce que l'on sait touchant les méthodes
dont elle a été et est encore l'objet ; il jugeait que le moment
n'était pas venu de le tenter. Sa seule ambition était de
donner le fruit de ses patientes investigations poursuivies
depuis plus de trente ans.

Dès l'année 1865, la question de la mesure de la pression
artérielle le préoccupait fort ; pour y parvenir, il inventait,
après de multiples tentatives, le sphygmomanomètre qui
porte son nom et qui reste aujourd'hui encore sans conteste

le plus exact, le plus pratique de ceux que nous connaissions. En 1889, suffisamment édifié sur la valeur du procédé que son honnêteté scientifique lui avait fait un devoir de scruter, il donnait dans les *Archives de physiologie* le résultat de ses premiers essais, insistant sur les services qu'on était en droit d'attendre de cette méthode au point de vue de la séméiologie. Depuis, il s'appliquait à recueillir de nouveaux matériaux et remettait sans cesse l'œuvre sur le métier, la laissant dormir quelque temps, puis la reprenant pour y opérer quelques coupes sombres, tellement il redoutait de ne point assez tenir la vérité. Modeste avant tout, et peu soucieux de s'assurer la priorité de ses recherches, persuadé d'autre part, que le temps et l'expérience leur donneraient plus de perfection, il ne se hâtait point de les livrer au public. « Si j'ai « tardé, écrivait-il en tête de l'un de ses travaux, à traiter ce « sujet autrement que dans des leçons orales, c'est de propos « très déterminé. Je ne le regrette ni ne m'en excuse, étant « très convaincu que je ne pouvais rendre un plus grand « service à la science que d'arrêter ma plume jusqu'au « moment où j'aurai la connaissance entière des choses dont « je voulais écrire. »

Cette belle préface mérite d'être rappelée au début de ce travail devant lequel il convient de s'incliner et qui porte à un si haut degré la marque de l'observation délicate, de l'impeccable bon sens, de la probité scientifique du maître regretté Potain.

Pierre Teissier.

Ce 10 *décembre* 1901.

PRESSION ARTÉRIELLE DE L'HOMME

A L'ÉTAT NORMAL ET PATHOLOGIQUE

ÉTUDE SPHYGMOMANOMÉTRIQUE

Dès que la circulation fut connue et qu'Harvey eut
montré comment le sang propulsé dans le système artériel allait répandre partout la nutrition et la vie, les
médecins préoccupés de la puissance ainsi mise en jeu,
cherchèrent à se rendre compte de l'énergie développée
par le cœur et de la force avec laquelle le sang aborde
les réseaux capillaires. Pour cela ils tentèrent d'estimer la pression à laquelle le sang est soumis dans
les artères. Après les appréciations vagues et peu fon-
dées des calculateurs du début, des expérimentateurs
comme Haller et Poiseuille parvinrent à mesurer assez
exactement cette pression artérielle chez quelques animaux. Des chirurgiens même eurent l'audace de répéter
cette mensuration chez l'homme, sans que cela pût
aboutir à une donnée pratique.

Cependant la physiologie montrait que chez des
animaux de même espèce, la pression artérielle est
susceptible de très grandes inégalités. On la voyait
varier chez les chevaux de 10 à 21 cent. de mercure

et chez les chiens de 12 à 17. D'où on induisait avec raison qu'elle devait varier aussi chez l'homme et qu'on trouverait sans doute dans ces variations une source abondante d'indications utiles. Mais, comme on n'avait aucun moyen de constatation directe et précise, ce fut en vain qu'on s'évertua, et bien à tort souvent, à faire intervenir la pression artérielle dans des conceptions pathogéniques où l'imagination et des présomptions *a priori* tenaient inévitablement la plus grande place. Même après que le sphygmographe de Marey eut apporté à la sphygmologie de si précieux enseignements et de si lumineuses interprétations, plusieurs se firent l'illusion d'obtenir à l'aide de modifications peu logiques de cet instrument une mesure absolue de la pression artérielle que Marey lui-même avait averti qu'il ne pouvait donner.

En 1881 le professeur v. Basch, de Vienne (*Ueber die Messung des Blutdrucks am Menschen*, 1881) fit connaître une méthode d'exploration du pouls capable de fournir sur la pression du sang dans les artères de l'homme des notions beaucoup plus précises que celles qu'on avait obtenues jusque-là. Dans un article des *Arch. de Physiologie*, de Brown-Sequard, de juillet 1889, j'ai dit comment, cherchant à appliquer en clinique cette excellente méthode, je fus conduit à modifier la forme primitive de l'instrument du médecin de Vienne, tout en conservant son principe essentiel, qui est : d'effacer les battements de l'artère dont on veut connaître la pression à l'aide d'une *pelote fluide*, c'est-à-dire d'un sac rempli d'eau ou d'air, et de mesurer le degré de pression auquel est arrivé le fluide contenu dans la pelote au moment où les battements de l'artère cessent de se faire sentir.

J'ai dit aussi par quels moyens je me rendis compte du degré d'exactitude des indications de l'instrument que j'employais, ainsi que des limites d'erreur qu'il comportait.

Le professeur v. Basch ayant de son côté fait subir à son instrument diverses modifications successives, celui dont il se sert actuellement et celui que j'ai fait construire, sont tout à fait analogues, différant toutefois par un détail qui n'est pas sans quelque importance et sur lequel je reviendrai dans la suite.

Quoi qu'il en soit la méthode du professeur v. Basch a servi maintenant à un grand nombre d'études tant en Allemagne qu'en France. Je m'y suis pour ma part constamment appliqué. Ce sont exclusivement les faits résultant de mes constatations personnelles que je veux consigner ici. Je crois qu'ils méritent confiance, ayant été obtenus toujours avec un même instrument soigneusement contrôlé et appliqué suivant une méthode constante. Or, cette condition est essentielle. Car la sphygmomanométrie exige infiniment de soin et d'attention et le professeur v. Basch, dans une de ses publications insiste avec grande raison sur ce point. Entre des mains inexpérimentées ou inattentives elle pourrait donner des résultats absolument inexacts. Il ne s'agit pas seulement en effet, comme avec la thermométrie, de lire sans erreur les indications de l'instrument. Il y a à compter encore avec le soin méticuleux que réclame son application et avec les difficultés d'une appréciation tactile parfois délicate.

Le sphygmomanomètre (fig. 1) dont je me suis servi pour toutes ces études et qui a été construit par Galante se compose d'une ampoule en caoutchouc (**A**), d'un tube de transmission (C), d'un tube de remplissage (D) branché sur le premier et d'un manomètre métallique (M).

L'ampoule de forme ellipsoïde, doit avoir, quand elle est distendue par une pression de 5 centimètres de mercure, une longueur de 3 centimètres et un diamètre transversal de 2 centimètres et demi. Plus volumineuse elle est encombrante et s'applique mal. Plus petite, elle serait écrasée avant d'arriver aux pressions les plus

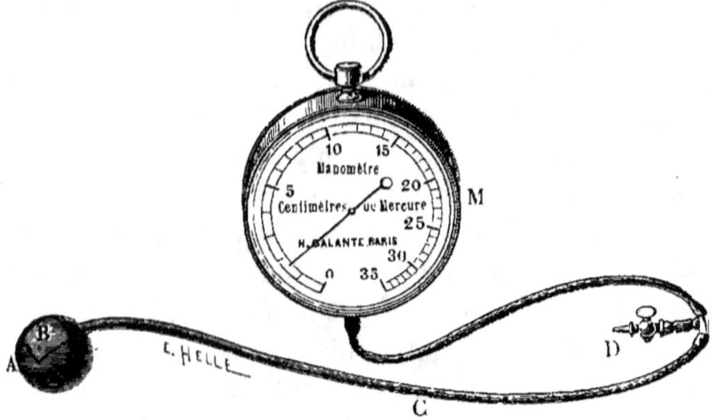

Fig. 1. — Sphygmomanomètre.

fortes qu'on peut avoir à observer. Elle est formée de quatre secteurs collés ensemble. Trois de ces secteurs sont assez épais et assez résistants pour ne pas se laisser sensiblement distendre, même avec une pression qui avoisine 30 centimètres de mercure. Un quatrième (B) qui doit être appliqué sur la peau et transmettre la pression à l'artère, est aussi mince que possible et renforcé seulement près des pôles. La difficulté principale qu'offre la construction de ces ampoules est le choix du caoutchouc dont est formée cette partie mince. Trop faible, il cède, fait hernie et se détériore rapidement, pour peu qu'on ne prenne pas, à manœuvrer l'instrument, des précautions suffisantes. J'ai eu de ces ampoules d'excellente qualité dont j'ai pu me servir chaque jour pendant des années, les tenant sans précaution dans la poche de mon tablier d'hôpital, sans qu'il leur advînt la moindre avarie. Malheureusement, rien n'est variable comme la qualité du caoutchouc, et cette partie de l'instrument est sujette à des détériorations rapides. Mais elle est aussi très facile à remplacer.

Le tube de transmission (C) doit avoir une paroi très résistante et un calibre intérieur aussi réduit que possible. Si sa capacité était trop grande, la masse d'air qui s'y trouve se laisserait trop aisément comprimer, et l'ampoule serait affaissée avant d'avoir donné l'indication voulue.

Le tube (C), sur le trajet duquel se trouve un petit robinet, sert à insuffler de l'air dans l'appareil et à l'y porter à la tension convenable. La tension initiale qu'on établit ainsi est absolument arbitraire. Elle est indispensable au fonctionnement de l'appareil, mais elle n'a aucune influence sur les résultats qu'on obtient ensuite, pourvu qu'on ne la porte pas trop loin. Celle que j'ai adoptée comme règle générale est de 3 centimètres de mercure. Si l'on a à explorer des artères extrêmement résistantes, il peut y avoir intérêt à dépasser ce chiffre et à le porter jusqu'à 5. Quand on ne se sert pas de l'instrument, le mieux est de maintenir le robinet ouvert et l'ampoule vide, pour la moins exposer aux causes de détérioration.

Le manomètre (M) est construit sur le principe des baromètres métalliques à capsule. Sa cavité est mise en rapport avec celle de l'ampoule par l'intermédiaire du tube qui les unit. Il indique en centimètres de mercure[1] la pression à laquelle l'air est porté dans l'ampoule quand on comprime celle-ci. Ce qui importe surtout, c'est qu'il soit sensible et obéisse sans à-coup. Ceux qu'a construits M. Galante sont véritablement parfaits sous ce rapport. Mais ce qui n'importe pas moins, c'est la graduation exacte de cet instrument. Or, cette graduation peut se trouver inexacte pour plusieurs motifs. D'abord, dès le principe, par la négligence du constructeur. Puis, même lorsque la construction est parfaite, parce que ces instruments, ayant des organes très délicats, se faussent aisément, pour peu qu'on les manœuvre sans précaution. Il est donc essentiel de vérifier le manomètre qu'on veut appliquer à des recherches précises, et même de répéter cette vérification à diverses reprises, si l'on doit suivre une longue série d'observations. Cette vérification doit être faite d'après un manomètre à mercure.

Le choix de celui-ci et la façon d'établir les comparaisons ne sont pas chose indifférente; on se préparerait bien des mécomptes si on n'apportait à ces comparaisons tous les soins nécessaires. Quand on se sert d'un tube en U, le peu d'étendue de la graduation rend la lecture difficile et le danger de la parallaxe plus grand. Si l'on se sert d'un simple tube plongeant dans un réservoir, le 0 est extrêmement difficile à établir, et il faut calculer la dénivellation dépendant du ménisque. J'ai trouvé plus

1. Les chiffres indicateurs de la pression artérielle notés dans le cours du livre réprésentent des centimètres de mercure. Pour éviter des répétitions inutiles, la notation C.Hg indice de cette valeur, qui devrait être placée après chacun des chiffres est supprimée. Au lieu de 8C.Hg, 18C.Hg j'ai écrit simplement 8,18.

simple de construire un manomètre de comparaison, formé d'un tube plongeant dans un flacon plat à large section et recourbé deux fois, de façon à venir passer au-dessous du niveau du mercure contenu dans le flacon, avant de s'élever verticalement (fig. 2). On n'a plus d'autre souci que d'appliquer derrière le tube une règle graduée dont on fait coïncider le 0 très exactement avec le niveau du mercure dans le tube, et de s'assurer de sa parfaite verticalité, ce qui est chose facile. A moins qu'on n'ait à sa disposition des instruments très exactement construits, le plus simple, pour établir la comparaison entre le manomètre à mercure et le manomètre métallique, est de mettre l'un et l'autre en communication avec un flacon de grande capacité dans lequel on comprime l'air peu à peu; de cette façon on évite l'influence des fuites d'air qui sont presque inévitables quand on arrive à des pressions un peu fortes. Je n'insisterais pas sur ces détails de construction bien arides si je n'avais trouvé, notamment parmi les instruments construits à l'étranger, des manomètres présentant de grosses erreurs de graduation. Ces erreurs, si on ne les évitait, deviendraient nécessairement l'origine de fâcheux désaccords entre les observateurs.

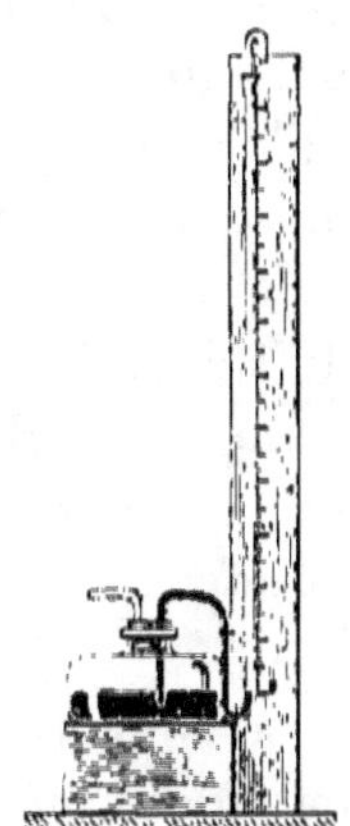

Fig. 2. — Manomètre à mercure pour la vérification du sphygmomanomètre.

Mode d'application. — Ce qu'on cherche à produire en appliquant le sphygmomanomètre est excessivement simple, puisque cela consiste à écraser l'artère pour y arrêter les pulsations et à juger du moment où l'arrêt se produit. Mais, si l'on veut obtenir un résultat de quelque exactitude, il faut absolument mettre à cette application un soin minutieux et se conformer, en la faisant, à une règle tout à fait constante. On juge que le calibre de l'artère est effacé quand on cesse de percevoir ses battements au delà de l'ampoule qui la comprime. On détermine la pression nécessaire pour obtenir ce résultat en lisant sur le manomètre l'indication de celle qui existe dans l'ampoule, à ce moment. En vertu du théorème formulé par le professeur v. Basch et dont j'ai vérifié l'exactitude absolue, on peut de là déduire, avec une assez grande approximation, la pression maxima qui se produit dans la radiale à chacune de ses pulsations.

Quant aux règles qu'il convient de suivre dans l'application, voici celles que je me suis posées et qui m'ont été dictées par une pratique attentive de plusieurs années.

1° Le sphygmomanomètre peut être appliqué sur la plupart des artères superficielles, mais les résultats ne sont comparables qu'autant qu'ils proviennent d'observations faites sur une même artère. La radiale est préférable à toutes les autres pour ce genre d'observations, pour les mêmes motifs qui l'ont toujours fait choisir dans l'étude du pouls. On peut en général explorer indifféremment la radiale droite ou la radiale gauche, la pression étant habituellement identique dans ces deux artères. Mais pour une série d'observations suivies et exactes il vaudrait mieux prendre toujours la même; car il existe chez quelques sujets des différences notables d'un côté à l'autre. Le malade peut être observé debout, assis ou couché. Toutefois, à moins qu'on ne se propose d'étudier l'influence de ces différentes situations, il faudra, pour obtenir des résultats comparables entre eux, opérer toujours dans une situation semblable.

2° L'avant-bras doit être placé horizontalement et dans la demi-pronation, la main pendante vers le bord cubital, comme on le voit sur la figure 5.

Il convient pour cela que le cubitus repose vers son extrémité sur un coussin résistant. A l'hôpital, j'ai

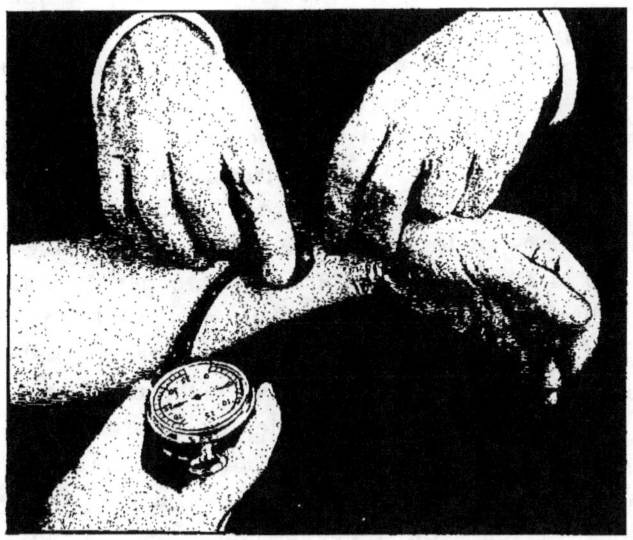

Fig. 5. — Mode d'application du sphygmomanomètre.

l'habitude de poser un pied sur la barre inférieure du lit du malade. Mon genou fléchi présente alors un point d'appui très convenable et à une hauteur constante.

Ce n'est pas la situation adoptée par le professeur v. Basch, qui conseille, au contraire, de mettre l'avant-bras dans la supination complète et la main dans l'extension forcée. Cette position était indispensable avec son premier instrument. Elle l'est peut-être encore avec celui qu'il a fait construire depuis. Mais quand on se sert de l'ampoule que j'ai adoptée, la situation que j'ai indiquée est de beaucoup préférable. Il serait un peu long d'en exposer ici tous les motifs. L'expérience et le raisonnement m'y ont toujours ramené.

3° L'avant-bras ayant été posé dans la situation qu'on vient de voir, on place le manomètre à petite distance, de façon qu'il se trouve sous l'œil de l'observateur; par exemple, sur le lit du malade. Puis, si on opère, comme on le voit ici, sur le poignet gauche, de la main droite on saisit l'ampoule et on l'applique par sa partie mince sur la portion de l'avant-bras qui correspond à la face antérieure de l'extrémité inférieure du radius. Son grand axe doit correspondre aussi exactement que possible au trajet de la radiale, le tube étant dirigé par en haut, c'est-à-dire vers la partie supérieure de l'avant-bras, et le pôle inférieur laissant entre lui et l'interligne radio-carpien un espace de deux doigts environ. On place alors l'indicateur de la main droite sur la paroi de l'ampoule opposée à celle qui est en contact avec la peau et le pouce sur la face dorsale du radius, de façon à former une sorte de pince qui rende la compression facile et régulière. L'index doit être posé bien à plat et très exactement au centre de l'ampoule; il doit couvrir la face qu'il déprime, de manière à l'écraser commodément et régulièrement.

Les choses étant ainsi disposées, on applique l'index de la main gauche sur la radiale, immédiatement au-dessous de l'ampoule et de façon à sentir très distinctement les battements de l'artère avec l'extrémité de la pulpe du doigt. Puis le médius est posé immédiate-

ment au-dessous et presse l'extrémité inférieure de
la radiale, de façon à comprimer énergiquement cette
partie de l'artère et à empêcher toute récurrence par
l'arcade palmaire. Dans le principe, je faisais exercer
cette compression par le doigt d'un aide. Mais il n'est
pas sans inconvénient d'encombrer d'une troisième main
un espace aussi étroit et d'avoir à compter avec l'exactitude et l'attention de l'aide. Bien qu'il faille quelque
étude pour arriver à opérer convenablement la compression à l'aide d'un doigt et la palpation à l'aide de
l'autre, on y arrive avec un peu d'exercice, et cela est
infiniment préférable.

Tout étant ainsi en position, on s'assure que l'artère
est bien distinctement sentie par l'index appliqué sur
elle et que celui-ci n'appuie ni trop ni trop peu; car,
dans l'un et l'autre cas, la perception serait insuffisante
et disparaîtrait trop tôt. Après quoi on exerce avec
l'index de la main droite une pression graduelle sur l'ampoule, jusqu'à ce que les battements de la radiale cessent
d'être perçus par l'index gauche. A ce moment on s'arrête et on note l'indication donnée par le manomètre. On
s'assure par des pressions variées du doigt qui tâte le
pouls, que les pulsations de l'artère sont véritablement
éteintes. On dépasse légèrement le degré de pression
qu'on avait atteint. Puis on retourne en arrière en sou-
levant légèrement et progressivement l'index qui comprime l'ampoule, jusqu'à ce que les battements artériels
reparaissent, et à ce moment on fait une seconde
lecture. Si l'on a bien opéré, les deux lectures sont
identiques, ou très rapprochées l'une de l'autre. On
peut prendre la moyenne des deux dernières lectures
faites l'une au moment de la cessation, l'autre au

moment de la réapparition du battement ; ou bien recommencer jusqu'à ce qu'on ait obtenu deux chiffres sensiblement identiques. Avec un peu d'habitude tout cela se fait rapidement. Si bien que, dans des conditions favorables, on détermine la pression plus rapidement qu'on n'aurait compté le pouls. Mais il est bon de se défier d'une trop grande précipitation ; elle exposerait à de considérables erreurs. Or, ce n'est pas un des moindres inconvénients de l'emploi des instruments dits de précision, que de donner aux observations qu'on fait à leur aide une rigueur en apparence absolue ; rigueur tout à fait décevante, si cet emploi n'a pas été entouré des soins et de l'attention nécessaires.

Dans l'application du sphygmomanomètre trois points méritent donc une attention spéciale : 1° la position de la pelote dont l'axe doit répondre exactement à la direction de l'artère ; 2° la pression exercée sur elle par l'index, pression qui doit être perpendiculaire à la face antérieure du radius ; 3° la pression du doigt qui tâte la radiale. Cette pression doit être soigneusement ménagée ; car, trop faible, elle abandonne l'artère dès que celle-ci est un peu déprimée par la pelote ; trop forte, elle écrase le vaisseau et fait disparaître toute perception des battements avant que ceux-ci soient encore véritablement éteints par l'instrument.

LA

PRESSION ARTÉRIELLE A L'ÉTAT NORMAL

I

MÉCANISME DE LA PRESSION ARTÉRIELLE

Pour apprécier les modifications que la pression artérielle subit dans le cours des maladies et la façon dont,
sous leur influence, elle s'écarte de ce qu'elle est en
état de santé, pour déduire de ces constatations les indications qui en peuvent ressortir, il importe avant tout de
connaître la pression artérielle normale et les variations
qu'elle peut présenter à l'état physiologique. Or, la pression artérielle n'est point, à l'état normal, constante et
également répartie. On l'imaginait autrefois pour ce
motif que, toutes les parties du système artériel étant
en large communication par l'intermédiaire de l'aorte,
la pression semblait devoir s'y distribuer d'une manière
uniforme, ainsi qu'elle fait dans des vases communi-
cants. Mais le mouvement dont le sang est animé, Marey
l'a montré il y a longtemps, modifie considérablement
cette répartition. Il fait naître dans le système artériel
un régime compliqué de pressions inégales, inégalement
distribuées qui oscillent incessamment, avec des phases
fort variées et d'origines diverses.

Pour concevoir toutes ces variations et ce régime compliqué de pressions qui est l'objet de notre étude, il convient de nous représenter d'abord le sang en mouvement dans le système artériel, avec les causes et les conséquences de ce mouvement au point de vue de la pression artérielle.

Comment se produit la tension artérielle? — Propulsé par le cœur et parcourant les artères le sang trouve, en avançant vers la périphérie, une résistance qui s'accroît rapidement avec la diminution du calibre des vaisseaux. Retardé par cette résistance, il distend tout le système artériel et, à l'instant de chaque systole, presse davantage sur la paroi vasculaire qui, en vertu de son élasticité, lui rend la pression qu'elle en a reçue. Or, comme les systoles cardiaques se succèdent à courts intervalles, la distension produite par chacune d'elles n'a jamais complètement cessé quand la suivante commence. La paroi artérielle est donc ainsi constamment plus ou moins tendue. C'est à cet état de tension élastique des parois vasculaires qu'on donne le nom de *tension artérielle*. Cette tension, produite par la poussée du sang contre la paroi, lui est nécessairement égale. Aussi se sert-on indifféremment de l'expression de *tension artérielle*, qui représente la force de retrait de l'artère distendue ou de celle de *pression artérielle* qui, dans la pensée de ceux qui l'emploient, se rapporte à la poussée hydrostatique du sang.

Mais tantôt la pression du sang l'emportant un peu détermine l'expansion de l'artère; tantôt l'élasticité devenant prédominante en amène le retrait. D'où les oscillations artérielles qui n'ont d'ailleurs qu'une très faible amplitude quand l'artère n'est point comprimée.

Ainsi la tension artérielle, à la façon d'un ressort incessamment bandé, maintient le sang soumis à une pression suffisante pour qu'il continue de progresser pendant les intervalles des systoles, appuyé qu'il est d'ailleurs en arrière sur les sigmoïdes à ce moment closes. Par elle le système artériel devient comme un second cœur dont l'action alterne avec celle du ventricule qui la met en jeu. Elle est donc un des facteurs essentiels de la circulation sanguine. On conçoit l'importance réelle et considérable de ses variations; elles ne peuvent manquer d'influer dans quelque mesure sur la nutrition et le fonctionnement de tous les organes, puisque la circulation est un coefficient nécessaire du fonctionnement et de la nutrition. Et c'est pour cela que, en médecine et en physiologie, on s'en préoccupe et on s'en est depuis longtemps si fort préoccupé.

Variations de la tension artérielle; causes de ces variations. -- La tension artérielle a donc deux causes : 1° les contractions du cœur; 2° la résistance périphérique.

1° Le cœur en est l'agent véritablement actif. Car c'est de lui qu'émane toute la force qui fait progresser le sang dans les artères et met en tension leurs parois.

2° La résistance périphérique, créant un obstacle à l'évacuation des artères, fait que le sang s'y accumule, les distend et y atteint un certain degré de pression. Elle résulte d'abord de la division des artères en branches de plus en plus petites, où l'obstacle au courant sanguin va croissant, selon Poiseuille, en proportion inverse du carré du diamètre des vaisseaux. Elle atteint son maximum dans le réseau des capillaires. Mais elle ne cesse pas là tout à fait; car au delà le sang trouve encore quelque obstacle à vaincre pour progresser dans les veines.

La pression artérielle est le résultat de ces deux causes combinées. Elle est en rapport avec toutes deux. Elle s'élève quand la force de propulsion du cœur, ou la résistance périphérique ou toutes deux à la fois augmentent; elle diminue dans les conditions inverses. Il se peut qu'elle reste stationnaire quand l'augmentation de l'une est exactement compensée par la diminution de l'autre. Elle n'est donc l'expression ni de l'une ni de l'autre ; mais bien d'une combinaison des deux et l'on ne saurait apprécier par elle seule ni la force du cœur, ni l'énergie de la résistance périphérique. C'est ce que dans la pratique il importe de ne pas oublier.

Les causes des variations de la pression artérielle sont multiples. Elles se trouvent : 1° dans le mode de fonctionnement du cœur; 2° dans les changements de la résistance périphérique; 3° dans l'état des parois artérielles.

1° Les modifications du fonctionnement cardiaque contribuent pour une grande part aux variations de la pression dans les artères. L'*énergie* des systoles, le *volume* de l'ondée sanguine que chacune d'elles propulse dans l'aorte et qui dépend en partie de la quantité de sang que le ventricule gauche a lui-même reçue, la fréquence des battements du cœur, sont autant d'éléments variables, susceptibles d'accroître ou de diminuer la pression.

2° La résistance périphérique est soumise à des causes d'inégalité non moins importantes et qui résident à divers étages de cette périphérie.

De la résistance veineuse, dont on ne parle guère, et

qui semble négligeable au point de vue de la pression artérielle, il y a je crois, à tenir plus grand compte qu'on ne
le fait d'ordinaire. J'aurai à en rapporter des preuves
fournies par la sphygmomanométrie. Quant à la résistance des capillaires vrais, il est probable qu'elle est
augmentée en diverses circonstances, notamment dans
l'œdème, comme j'ai eu à le constater dans des essais
de circulation artificielle sur le cadavre. Mais il ne paraît
pas que dans cet ordre de vaisseaux il se produise des
contractions capables d'en réduire le calibre et d'augmenter la résistance qu'ils opposent au cours du sang.

C'est dans les capillaires artériels que la contractilité
règne et domine, c'est là qu'elle produit des resserrements et des dilatations susceptibles de modifier rapidement et profondément la pression. Le fait a été physio-
logiquement mille fois montré. Mais les capillaires
veineux ne peuvent-ils produire d'effets analogues? Ne
participent-ils point avec quelque indépendance à l'action des capillaires artériels? C'est une question à laquelle la physiologie n'a point répondu encore. Il serait,
à différents égards, bien désirable qu'elle le pût faire.

3° Quant aux artères grosses et moyennes, leur
influence sur la pression artérielle est des plus complexes, car elles peuvent contribuer à ses variations également : *a*) par les changements de leur calibre, *b*) par
les modifications de leur élasticité.

a) Les changements du calibre ont sur la pression qu'on
peut observer chez l'homme dans la radiale, la temporale ou la pédieuse, une influence très différente, suivant : qu'ils consistent en une dilatation ou un resserrement; qu'ils portent exclusivement ou d'une façon
prédominante sur la partie périphérique ou la partie cen-

trale du système artériel ; suivant qu'ils sont d'origine organique ou purement fonctionnelle.

La dilatation en effet, augmentant le calibre, diminue la résistance et facilite l'écoulement ; le resserrement au contraire diminue le calibre, met obstacle à l'écoulement et augmente la résistance.

Si la modification du calibre porte exclusivement ou d'une façon prédominante sur la partie centrale du système artériel, c'est-à-dire sur les grosses artères, la dilatation facilitant l'écoulement, augmente la pression dans les artères plus éloignées ; le retrait au contraire la diminue. Par contre, si ces modifications du calibre portent exclusivement sur les parties périphériques du réseau artériel ou y prédominent, la diminution du calibre exagère la pression en amont et l'augmentation la fait baisser.

Des modifications de calibre d'origine *organique*, notamment celles créées par l'athérome, affectent le plus souvent et d'une façon généralement prédominante les plus grosses artères et y consistent surtout en rétrécissements qui diminuent notablement la pression vers la périphérie. Mais, comme ces altérations sont d'ordinaire fort inégalement distribuées que, d'autre part, c'est parfois ici un rétrécissement, là une dilatation qui se produit, elles déterminent surtout une grande inégalité de la pression dans les différentes artères de la périphérie ; et, par suite, une très grande irrégularité dans la distribution sanguine, qu'on aurait grand tort de se représenter, ainsi qu'on le fait d'habitude, comme étant constamment une pure ischémie. Les accidents graves qui se produisent alors peuvent être en réalité la conséquence de véritables congestions.

Il est des cas toutefois où l'altération nutritive envahissant partout la périphérie artérielle jusqu'aux plus petites ramifications (artério-sclérose généralisée capillaire), produit dans toute cette périphérie une diminution de calibre et une augmentation de résistance excessive qui portent au plus haut degré l'exagération de la tension artérielle, comme nous le verrons dans la suite.

Les modifications *fonctionnelles* du calibre, c'est-à-dire les contractions actives qui mettent obstacle à la pénétration du sang et les dilatations passives qui le laissent affluer avec excès, sont incessantes à la périphérie et contribuent pour la plus grande part aux oscillations perpétuelles de la pression sanguine.

Les troncs artériels sont-ils le siège de contractions et de dilatations analogues et susceptibles de modifier la pression artérielle à quelque degré? C'est ce que la physiologie ne nous dit guère et ce qu'elle est disposée à nier. C'est ce que nous montreront cependant, d'une façon évidente, certaines observations sphygmomanométriques. D'ailleurs, les modifications de la *tonicité* artérielle entrent sans doute pour une bonne part dans les changements de volume que les grosses artères, l'aorte en particulier, subissent quand leurs parois sont atteintes d'inflammation subaiguë. La rapidité avec laquelle la dilatation peut se produire en ce cas et surtout disparaître ne saurait guère s'expliquer différemment.

b) Reste la part qui revient à l'*élasticité* des artères dans ce qu'on appelle la tension artérielle et dans les modifications qu'elle subit en diverses circonstances.

Pour se rendre compte des troubles profonds que la diminution de l'élasticité des artères peut apporter à la circulation et des modifications de la pression artérielle qui en résultent, qu'on se représente ce que serait cette circulation, si l'élasticité artérielle faisait entièrement défaut; qu'on imagine un cœur projetant son ondée sanguine dans un système de canaux inextensibles et inélastiques. Voici ce qui se passerait :

La quantité de sang sortant à l'extrémité de ce système pendant la durée d'une systole serait nécessairement égale à celle que la systole y ferait pénétrer, rien ne pouvant le distendre, ni l'y accumuler. La circulation s'opérerait donc exclusivement pendant la systole et se suspendrait absolument pendant la diastole, d'où un énorme temps perdu. Le cœur aurait à ébranler à la fois toute la masse du liquide contenu dans ce système et dont il lui faudrait vaincre l'inertie. La vitesse serait nécessairement progressive et n'atteindrait son maximum qu'à la fin de la systole. Puis au moment même où l'impulsion systolique cesserait, la colonne liquide s'arrêterait tout à coup. Mais, la vitesse acquise tendant à l'entraîner, il se produirait une sorte de *coup de bélier* aspirateur proportionnel à la longueur de la colonne en mouvement et un ébranlement de tout le système où s'épuiserait et se perdrait une grande partie de la force vive créée par la systole.

Ainsi, mouvement péniblement communiqué à la masse sanguine pendant la systole et se perdant en partie sans effet utile pendant la diastole; progression intermittente dans tout le système vasculaire; ébranlement de tout l'organisme par les à-coups circulatoires; telles seraient les conséquences de ce régime circulatoire défectueux.

Les choses vont tout autrement dans la nature grâce à l'élasticité artérielle. Trouvant devant lui une aorte qui cède sans retard, le cœur y fait pénétrer son contenu d'un mouvement uniforme et régulier. Sans doute la résistance de l'artère augmente à mesure que son élasticité est mise en jeu et que la pression s'y accroît. Mais d'une part l'action du ventricule s'exerce d'une façon plus efficace à mesure que sa cavité se restreint ; de l'autre la résistance due à l'inertie diminue progressivement. Si bien que ces influences diverses se compensent assez exactement pour que le courant au niveau de l'orifice aortique reste sensiblement uniforme. On en peut juger par l'égalité presque toujours à peu près absolue de la tonalité et de l'intensité des souffles systoliques qui se produisent à cet orifice.

On voit par là que la continuité de pression qui s'établit dans les artères est en entier l'œuvre de l'élasticité de leur paroi ; que cette continuité, par suite, tend à disparaître à mesure que leur élasticité s'altère, que l'écart entre la pression qui correspond à la systole et celle qui correspond à la diastole s'exagère de plus en plus, que les à-coups deviennent plus durs, et que le cœur ne maintient une circulation périphérique suffisante qu'à la condition de produire un effort plus considérable et de faire monter la pression dans l'aorte à un degré plus élevé.

Telles sont les conditions dans lesquelles la pression s'établit et se maintient dans le système artériel aortique. Voyons maintenant les oscillations qu'elle y subit et en particulier les pulsations artérielles. Leur étude nous importe fort, car ce sont elles seulement que nous pouvons constater chez l'homme. C'est par elles que nous parvenons à nous faire une idée de la circulation dans les artères et de la pression à laquelle le sang y est soumis.

Du pouls des artères. — Au moment de sa pénétration dans l'aorte, le sang en distend d'abord les premières parties où la pression instantanément s'élève et dont la paroi cède, avant que l'inertie commence d'être vaincue dans les parties suivantes, et le mouvement de s'y communiquer. Mais presque aussitôt, la paroi distendue réagissant sur son contenu et l'inertie peu à peu cédant, l'accroissement brusque de pression se propage rapidement aux sections suivantes du vaisseau, puis à ses collatérales, sous la formation d'une onde progressive qui parcourt toute l'étendue du système artériel en s'y éteignant peu à peu. Sur tout son passage cette onde produit, dans chacun des points qu'elle parcourt, une rapide exagération de la pression intravasculaire, aussitôt suivie d'un affaissement progressif, c'est-à-dire le *pouls des artères*.

La vitesse avec laquelle cette onde se propage est telle, que en 10 à 12 centièmes de seconde elle a parcouru toute l'aorte et les iliaques et est arrivée à l'origine des crurales, ou par un autre chemin à l'extrémité des radiales. Elle n'a rien à voir avec la vitesse de progression du sang dans les artères. Car, à en juger par ce que cette dernière semble devoir être dans l'aorte chez l'homme, le sang, sorti de l'orifice aortique n'arrive guère à la radiale qu'en 2 secondes, c'est-à-dire en un temps 16 fois plus long.

Le pouls des artères retarde donc sur la pulsation de l'origine de l'aorte, proportionnellement à la distance qui sépare chacune d'elles de cette origine. Mais ce retard, étant une conséquence de l'élasticité artérielle, varie avec le degré de cette élasticité et la façon dont elle est provoquée ; diminuant si le système artériel est athéromateux et rigide, ou l'élasticité artérielle insuffisamment mise en jeu : augmentant, au contraire, quand l'expansibilité est exagérée par une dilatation notable située sur le trajet de l'artère, ou lorsqu'un rétrécissement localisé met obstacle à la propagation de l'onde.

A mesure que les pulsations se propagent de l'origine de l'aorte aux extrémités, elles subissent de notables modifications, que montrent à merveille les tracés sphygmographiques des différentes artères. L'ascension de la pression est moins brusque, la diminution plus progressive; l'amplitude de l'oscillation moindre. C'est que, à chacun des points atteints par l'onde artérielle, la poussée imprimée par le cœur à l'origine de l'aorte se divise en deux parties : l'une qui produit l'expansion du vaisseau et reste en quelque sorte en réserve, l'autre qui transmet la pression à la section suivante. Arrivée aux capillaires, cette onde est épuisée et n'y produit plus de battements. Par contre, toute la force mise en réserve y maintient la progression continue du sang sous une pression sensiblement constante.

Il y a donc pour chaque pulsation un *maximum* rapidement atteint au début et dans un temps assez uniforme, mais plus long à mesure qu'on approche des extrémités ; un *minimum* qui se trouve à l'instant où la décroissance progressive de la pression est interrompue par la pulsation suivante.

Entre ces deux extrêmes, il se produit des oscillations de pression tenant à des ondes secondaires qui constituent ce qu'on appelle le *polycrotisme*. La plupart de ces ondes ne sont guère appréciables que sur les tracés sphygmographiques. La principale et la plus accentuée est, au contraire, souvent très sensible au doigt et produit le *pouls dicrote*. Elle paraît naître à l'origine de l'aorte au moment où le sang, qui vient de pénétrer dans ce vaisseau, s'arrête et semble rebondir sur les sigmoïdes closes. Ces oscillations se marquent d'autant plus que la paroi artérielle est plus souple, moins tendue, et qu'elles sont provoquées par une contraction plus vive du cœur. Aussi le dicrotisme se montre-t-il de préférence chez des individus jeunes et, en particulier, dans la fièvre typhoïde où il devient un des caractères de la maladie.

De la pression moyenne. — La pression dans les artères oscille donc incessamment entre deux extrêmes : un maximum et un minimum. De ces deux extrêmes, un seul nous peut être directement connu chez l'homme; c'est le maximum. J'ai montré dans l'article déjà cité des *Archives de physiologie* que les indications du sphygmomanomètre se rapportent exclusivement à lui.

Dans les intervalles de ces périodes extrêmes la pression passe par une série d'oscillations de valeur très inégale et variable que représentent à merveille les oscillations de la courbe sphygmographique, Or, la force en vertu de laquelle le sang circule à travers les organes et qui surtout nous intéresse, étant après tout la somme de ces pressions successives et variables, leur moyenne est ce qu'il nous importerait, surtout, de connaître et qui pourrait donner une idée plus juste du travail utile qui s'accomplit dans le système artériel.

Chez les animaux, Marey a obtenu cette moyenne à l'aide de son manomètre compensateur. Chez l'homme il s'y trouve beaucoup plus de difficultés. On a cherché un indice de sa valeur dans les caractères des tracés sphygmographiques. Ces tracés nous montrent en effet les moindres et les plus fugitives oscillations de la pression artérielle. Ils font très bien connaître les chan-

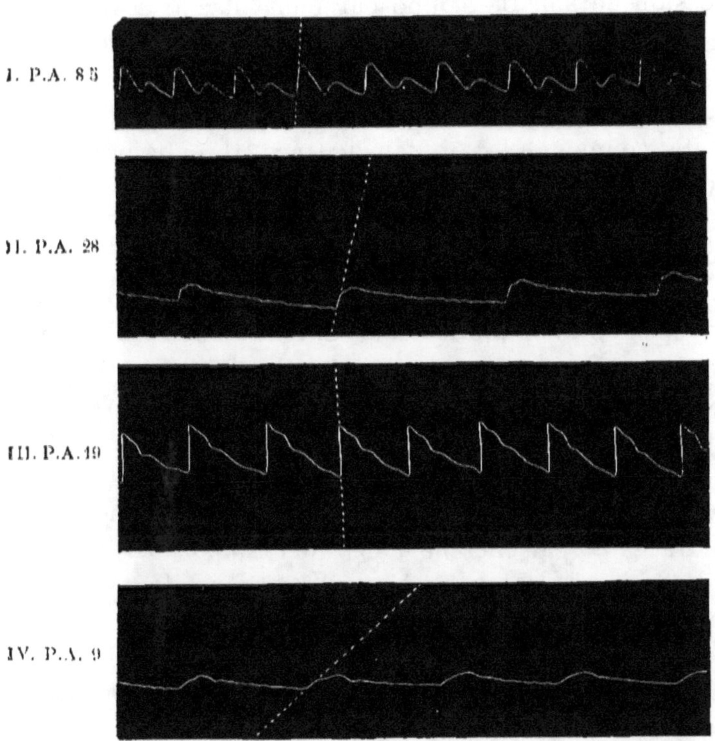

Fig. 4. — Rapports de la pression artérielle avec la forme des tracés sphygmographiques.

gements qui y surviennent. Marey nous a avertis qu'ils n'en donnent point la valeur absolue.

Comme indices sphygmographiques d'une pression basse on a désigné et, en effet, on trouve en général les caractères suivants : 1° une grande amplitude du tracé; 2° la verticalité de la ligne d'ascension; 3° l'acuité du sommet ; 4° le caractère bien accentué du dicrotisme. Tous ces caractères on les trouve, par exemple (fig. 4), dans ceux du tracé I ci-joint qui correspondent à une pression de 8,5. Ils s'opposent d'une façon très manifeste à ceux du tracé II qui répondent à une pression de 28. Mais ces mêmes caractères peuvent se trouver à un degré plus accentué encore avec une pression très haute ; comme on le voit dans le tracé III, où la pression indiquée par le sphygmomanomètre était 19. D'autre part, des caractères absolument opposés peuvent coïncider avec une pression très basse, comme dans le cas suivant du tracé IV où la pression n'était que de 9 et où cependant l'obliquité de la ligne d'ascension, l'arrondissement du sommet, le degré rudimentaire de dicrotisme, le peu d'amplitude du tracé semblaient devoir se rapporter à une pression fort élevée.

Pour me rendre un compte plus exact de la valeur de chacun de ces caractères, je les ai étudiés sur une série de tracés et j'ai cherché dans quel rapport ils étaient avec le degré de la pression maxima constatée à l'aide du sphygmomanomètre.

Pour ce qui concerne le dicrotisme, j'ai rangé les cas en trois catégories suivant que le dicrotisme était très marqué, modéré ou nul, j'ai mis en regard la pression correspondante et j'ai obtenu le tableau suivant :

Dicrotisme	très marqué.	7	8,5	10,5	16,5	17,5	18		moyenne	15
	modéré . . .	10	10,5	11	12	15,5	19	24	—	14
	nul	11,5	12	20,5	28				—	18

D'où il résulte que le dicrotisme très accentué appartient bien en général aux pressions faibles et que

l'absence absolue du dicrotisme se trouve surtout avec
des pressions fortes. Mais on peut avoir un dicrotisme
très marqué avec une pression de 18 qui se range parmi
les pressions fortes et n'en avoir absolument aucune
trace avec une pression de 11,5, qui certainement, est
au nombre des faibles. En sorte qu'il faudrait conclure
d'après les chiffres ci-dessus que : si le dicrotisme est
absolument nul la pression n'est vraisemblablement
pas inférieure à 11,5; s'il est très accentué, elle n'est
probablement pas supérieure à 18; mais que cela laisse
flotter l'appréciation entre des limites trop éloignées
pour être réellement utiles; puisque avec un dicrotisme modéré on peut trouver des pressions allant de
10 à 24.

Relativement à l'inclinaison de la ligne d'ascension,
je l'ai mesurée dans 25 cas différents et j'y ai trouvé
des différences allant de 56 à 93 degrés. Or, si l'on
groupe d'une part tous les cas où l'inclinaison va de
56 à 80 degrés et, d'une autre part, ceux où elle va
de 80 à 90 degrés, les premiers donnent une pression
moyenne de 16,4, les autres une moyenne de 11 seulement. De sorte qu'il est bien vrai que c'est avec les
pressions faibles que la ligne d'ascension tend le plus
à s'approcher de la verticalité. Mais, d'un autre côté
cependant, les quelques cas où la ligne a dépassé la verticalité et où on a trouvé 92 et 93 degrés appartiennent
précisément à des pressions très fortes de 18, 19 et 24,
de même qu'entre 82 et 90 degrés il s'est trouvé des
pressions de 19 et 20. Par contre, entre 56 et 80 degrés
j'ai eu à noter des pressions de 11, 11,5 et 12; c'est-
à-dire des pressions très faibles. Il reste seulement que
les pressions très faibles entre 7 et 8,5 étaient toutes

accompagnées d'une ascension approchant de la verticale entre 82 et 88 degrés.

Au demeurant, le degré d'inclinaison de la ligne d'ascension dépend de deux facteurs : l'un qui est l'amplitude de l'oscillation du levier, caractère qui a été indiqué; l'autre la durée de la période d'ascension. J'ai voulu savoir ce qu'on pouvait penser de la valeur de chacun de ces deux caractères.

Quant à la hauteur de la pulsation en général elle décroît sans doute à mesure que la pression s'élève, comme on le voit dans les exemples que voici :

Pression artérielle.	Hauteur des pulsations.
14,7	$0^{mm},3$
17,1	$4^{mm},8$
20,7	$5^{mm},4$

A supposer que dans chaque cas, bien entendu, on emploie la pression du ressort qui donne l'amplitude maxima des oscillations. Mais cette règle très générale se perd absolument dans de nombreuses exceptions, en sorte que, avec une même pression on peut avoir des amplitudes allant de $1^{mm},5$ à $8^{mm},4$.

De même, pour la durée de la période d'ascension, elle s'accroît en général sans doute avec la pression artérielle, si bien qu'en prenant seulement des moyennes on trouve :

Avec une pression artérielle moyenne de	10,1	une durée d'ascension de	$0'',065$
—	14,7	—	0 ,072
—	17,1	—	0 ,074
—	20,7	—	0 ,090

Mais quand on considère les cas particuliers, on y

trouve sous ce rapport les plus grandes irrégularités ; en sorte qu'il se rencontre une durée de 0″,09 avec une pression de 8 et une durée de 0″,06 avec une pression de 20.

Si bien que, soit que l'on considère l'inclinaison de la ligne d'ascension, soit que l'on prenne à part chacun de ses facteurs, on n'y peut trouver qu'un indice assez vague des changements de la pression et nul de sa valeur absolue.

Quant à l'acuité ou l'arrondissement du sommet de la pulsation, comme c'est un élément qu'il est plus difficile encore de soumettre à une mesure à peu près exacte, je ne l'ai point tenté. Mais il est évident qu'il ne saurait fournir de donnée plus précise relativement à la pression absolue.

De cette étude il résulte en somme que les tracés sphygmographiques, comme l'avait dit Marey, n'indiquent pas la valeur absolue de la pression et que les renseignements très précieux qu'ils fournissent souvent sont d'un ordre tout autre.

Mais en combinant, dans un certain nombre de cas, les données de la sphygmographie avec celles fournies par le sphygmomanomètre, j'ai obtenu une valeur de la pression moyenne dans la radiale de l'homme, presque aussi exacte, je pense, que celle que le manomètre compensateur peut donner chez les animaux ; voici comment :

Pour cela j'ai fait choix de sujets chez lesquels existait un dicrotisme bien caractérisé. Dans ces cas, il a été possible de déterminer quelle était la pression dans la radiale au moment de la pulsation dicrote.

À cet effet il a suffi, après avoir comprimé l'artère

jusqu'au point où la pulsation principale disparaît, de soulever ensuite progressivement le doigt jusqu'à ce que reparaissent le pouls d'abord, le dicrotisme ensuite et de noter l'indication donnée par l'instrument pour chacun de ces deux points. Il n'y a pas à douter que le chiffre fourni par le sphygmomanomètre au moment précis où le dicrotisme apparaît ou disparaît est celui de la pression dans l'artère à ce moment-là. Si on prend d'autre part le tracé sphygmographique des battements de la même artère, on aura sur ce tracé deux points de repère précis : le niveau de la pression maxima et celui du dicrotisme. Or, il résulte des essais de contrôle que j'ai faits autrefois, et qui sont rapportés dans l'article cité plus haut, que l'étendue des arcs de cercle décrits par le sphygmographe, si elle n'est pas excessive, reste assez exactement proportionnelle aux oscillations de la pression dans le vaisseau exploré. Connaissant donc la pression correspondant au point le plus élevé du tracé et celle correspondant au dicrotisme, il est facile d'en déduire par un simple calcul celle qui correspond au point le plus bas, c'est-à-dire la *pression minima*.

Pour obtenir ensuite la pression moyenne, j'ai déterminé d'abord, par un calcul semblable au précédent, le niveau du zéro ; c'est-à-dire le point où la pression artérielle serait nulle. J'ai tracé à ce niveau une ligne horizontale, puis une ligne parallèle à celle-ci, passant par les sommets des pulsations. Enfin j'ai abaissé sur la ligne du zéro une verticale partant du pied de chacune des deux pulsations contiguës.

L'image ainsi obtenue contient deux figures ; une sorte de parallélogramme : a, b, c, d, et un trapèze :

a, e, c, d. Celui-ci représente l'ensemble des ordonnées qui seraient menées par les points successifs de la ligne des pressions qu'a donnée le sphygmographe et dont l'ensemble représente la moyenne des pressions qui ont existé pendant la durée de cette pulsation ; l'autre, celui que donnerait une pression uniforme correspondant à la pression maxima. Pour établir le rapport des deux surfaces je me suis servi du planimètre d'Amsler. La pression maxima étant connue, la pression moyenne est ainsi donnée par un simple calcul de proportion.

Dans le tracé reproduit ici (fig. 5) la pression maxima constatée à l'aide du sphygmomanomètre avait été 16 ;

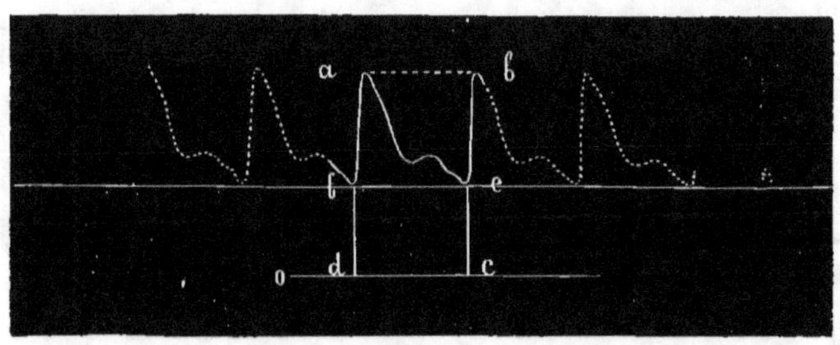

Fig. 5. — Valeur du dicrotisme
pour l'estimation de la pression artérielle moyenne.

celle du dicrotisme, 9. Le calcul avait donné pour la pression minima 6,8. Le planimètre d'Amsler avait donné pour le parallélogramme a, b, c, d, 110 ; pour le trapèze a, e, c, d, 75 et la proportion 510 : 75 : : 16 : x = 10,6, qui était la pression moyenne de cette pulsation.

Les 14 faits dans lesquels j'ai estimé par cette méthode les pressions minima et moyenne se trouvent réunis dans le tableau suivant :

PRESSIONS CONSTATÉES		PRESSIONS DÉDUITES DU CALCUL			PROPORTION	
MAXIMUM	DICRO- TISME	MINIMUM	MOYENNE	OSCILLA- TION	RAPPORT DU MINIMUM AU MAXIMUM	RAPPORT DE LA PRESSION MOYENNE AU MAXIMUM
26,5	20	7	16	19,5	27 0/0	60 0/0
25	20,5	10	17,5	15	26,4	70
22	18	11	17	11	50	77
19	14	8	15	11	42,1	67
16	9	6,76	10,6	9,2	41,8	66
15	11	6,4	9,5	8,6	42,6	63
15	4,5	2,5	7,5	12,7	15,5	50
14	7	1,7	7	12,5	12,1	50
14	7	1,6	7	12,4	11,4	50
12	8,5	5,5	6,5	8,5	29	54
10,5	8	6,5	7,5	4	61,9	71
10	6	1,2	4	8.8	12	40
9	7	4,2	6,8	4.8	46,6	75
9	6.5	2	6	7	22.2	66
217	147	72,16	155,9	144,8	440,4	859
15,5	10,5	5,15	9,7	10,5	31,45 0/0	61,5 0/0

On peut déduire les remarques suivantes :

La pression minima n'est dans aucun rapport constant avec la pression maxima. Elle peut n'en représenter guère que la dixième partie ou en égaler les $\frac{3}{4}$.

L'amplitude des oscillations de la pression dans la radiale est donc extrêmement inégale, pouvant aller de 4 à près de 19,5 et cela assez indépendamment du niveau moyen de la pression. Ainsi on trouve une oscillation de 11 cent. avec un maximum de 22 et une oscillation de 12 avec un maximum de 14. La moyenne des oscillations mesurée a été de 9.5, la moyenne des pressions maxima étant 15. C'est dire que l'étendue des oscillations a représenté en moyenne les $\frac{3}{5}$ de la pression maxima.

La pression moyenne est dans un rapport un peu plus étroit avec la pression maxima. D'une façon générale, elle en représente de $\frac{2}{5}$ à $\frac{4}{5}$ et en moyenne un peu moins des $\frac{2}{3}$. Quant à celle du dicrotisme, elle est en général un peu supérieure à la pression moyenne.

Si on s'en tient aux moyennes, on peut donc dire que la pression minima est le $\frac{1}{5}$ de la pression maxima, que celle du dicrotisme en est les $\frac{2}{3}$ et que la pression moyenne se tient un peu au-dessous de cette dernière, c'est-à-dire qu'elle est les $\frac{3}{5}$ de la pression maxima. Et en résumé, si l'on suppose dans un cas donné que la pression moyenne est les $\frac{3}{5}$ de la pression indiquée par le sphygmomanomètre on paraît n'avoir guère de chance de se tromper de plus de $\frac{1}{5}$ en plus ou en moins.

On peut aussi obtenir une indication de la pression minima en se servant comme l'a fait Mosso d'un pléthysmographe et en estimant qu'on a atteint le niveau de la pression minima, au moment où l'aiguille de l'instrument donne les oscillations les plus grandes. Mais l'indication se rapporte alors à la totalité de la portion de membre incluse et non à une artère en particulier.

J'ai essayé d'appliquer cette méthode à la pression de la radiale à l'aide du sphygmomanomètre, en exerçant une compression progressive sur la pelote à l'aide d'une vis et observant le moment où les oscillations transmises à l'aiguille de l'instrument étaient le plus apparentes. Pour que les indications soient manifestes, il faut avoir affaire à une artère dont les battements soient bien accentués. Dans les cas où j'ai pu les obtenir, les résultats ont été identiques à ceux donnés par l'autre méthode et les ont ainsi confirmés.

On a vu dans le tableau précédent que les oscillations sphygmiques de la pression sont d'étendue très inégale. Il était intéressant de savoir si l'on trouverait applicable à l'homme le principe énoncé par Hürthle : que l'amplitude des oscillations diminue à mesure que la pression augmente; si du moins elle se trouverait exacte, chez des sujets divers présentant des pressions inégales. J'ai pour cela dressé le tableau suivant :

Pression moyenne.	17	13	11	10	8	8	7	7	7	7	6	4
Oscillation.	11	11	9	9	13	4	12	12	9	5	7	9
Pression minima. .	11	8	7	6,5	6	4	4	2	2	1,7	1,6	1
Oscillation.	11	11	9	4	10	5	8	14	7	12	12	9
Pression maxima .	22	19	16	15	15	14	14	12	10	10	9	9
Oscillation.	9	11	7	10	13	12	12	9	7	1	4	2

On voit ici que l'amplitude des oscillations n'est dans aucun rapport nécessaire avec la pression moyenne, ni avec la pression maxima, ni avec la pression minima, et dépend apparemment de tout autre chose que du degré de pression existant dans l'artère. Il est vrai sans doute que, si la pression s'abaissait sans que rien autre changeât, l'amplitude des oscillations augmenterait comme l'a dit Hürthle. Mais il reste ce fait établi : que l'amplitude exagérée des pulsations indiquées par le sphygmographe n'est pas un indice suffisant de la pression basse J'aurai à en citer par la suite de nombreux exemples[1].

De la pression dans les différentes artères. — La radiale a été de tout temps l'artère assignée de préférence aux

1. Voir la fig. 18, p. 86 et la note additionnelle de la page 142.

observations sphygmiques, pour ces diverses raisons :
qu'elle est facile à atteindre dans une notable étendue de
son parcours ; qu'elle repose sur un plan assez résistant,
où on la peut aisément comprimer ; qu'elle a un volume
suffisant pour que ses battements soient distinctement
perçus. C'est sur elle presque exclusivement qu'ont porté
les explorations du professeur v. Basch et des médecins
qui depuis, se sont servis de ses instruments pour étudier la pression artérielle. C'est à elle que se rapportent
presque toutes les mensurations que je vais relater.
Toutefois il est deux autres artères auxquelles on peut
assez facilement appliquer le sphygmomanomètre. Ce
sont la temporale et la pédieuse. Mais leur exploration
n'est pas toujours utilement praticable ; ces artères
ayant chez certains sujets un volume extrêmement
réduit et par suite des pulsations à peine sensibles. Elle
est d'ailleurs peu commode. Enfin si pour les temporales on peut jusqu'à un certain point négliger la récurrence, il importe au contraire beaucoup de s'en préser-
ver quand il s'agit de la pédieuse, vu ses larges com-
munications avec l'arcade plantaire ; or, l'espace manque
pour comprimer aisément cette artère, et on ne le peut
bien qu'avec le secours d'un aide.

Faite avec soin et dans des conditions favorables,
l'exploration sphygmomanométrique appliquée à ces
artères peut néanmoins fournir des résultats fort intéressants pour la physiologie du système circulatoire ;
elle peut exceptionnellement aussi rendre quelques services en clinique, lorsque l'examen des radiales n'est
pas possible, ou qu'on a intérêt à rechercher les indices
d'une altération locale du système artériel. Mais les
chiffres ainsi obtenus ne sauraient entrer en comparai-

son avec ceux fournis par les radiales. La pression du sang n'est en effet pas à beaucoup près égale, comme nous l'avons vu plus haut, dans les différents points du système artériel et diffère en ses diverses parties, pour les raisons jadis énoncées par Marey.

Chez deux veaux, Volkmann a trouvé entre la pression de la carotide et celle de la métatarsienne une différence de 19$^{mm, Hg}$; Hürthle sur un chien, une différence de 28 millimètres entre la carotide et la linguale, de 32 millimètres entre la crurale et la carotide; Pick, une différence de 58 millimètres entre l'aorte et la tibiale.

Ces différences, le sphygmomanomètre permet de les constater aisément chez l'homme dans les artères où il se peut appliquer : c'est-à-dire la radiale, la temporale et la pédieuse.

Chez un adulte, par exemple, j'ai trouvé dans le décubitus dorsal 19,5 à la radiale, 12,5 à la temporale, 17 à la pédieuse. Chez une jeune fille dans les mêmes conditions, les chiffres étaient 16,5 pour la radiale, 5,5 pour les temporales.

Ces différences on les retrouve chez tous les sujets dont on explore les différentes artères. Mais il n'existe aucun rapport constant entre les chiffres donnés par elles et on ne saurait conclure avec exactitude de ce que l'on constate dans l'une à ce qui doit exister dans les autres. Ce rapport varie d'ailleurs sous l'influence de conditions multiples que nous aurons à étudier; notamment des changements de situation du corps et des membres.

La pression n'est même pas toujours égale dans les artères homologues des deux côtés : les deux radiales,

les deux temporales ou les deux pédieuses. Les différences qu'on y trouve peuvent être permanentes et
résultent alors des inégalités que présentent le calibre
ou la résistance des parois, soit dans l'artère explorée,
soit dans le tronc artériel d'où elle émane, soit à la périphérie. Elles peuvent être passagères. En ce cas, elles
se rapportent évidemment à des variations de la contractilité vasculaire.

Ayant comparé avec quelque suite les deux radiales
chez deux sujets en parfait état de santé, j'ai trouvé qu'il
y avait très souvent quelque inégalité entre elles et que
pour peu que la vaso-motricité fût mise en jeu soit par
des changements de température, soit par des mouvements, soit par l'alimentation, le rapport entre les deux
artères variait notablement. Pour l'un et l'autre des
deux sujets, la pression la plus forte se trouvait tantôt à
droite, tantôt à gauche, et aussi souvent d'un côté que
de l'autre. La différence ne dépassait généralement pas
$\frac{1}{2}$ centimètre, mais elle se trouva à plusieurs reprises de
1 et même 2 centimètres.

Ce serait donc une très grande erreur de croire que la
pression constatée dans la radiale représente fidèlement
celle qui règne dans d'autres parties du système artériel
ou se trouve dans un rapport nécessaire avec elle. De
même les variations que nous y constatons n'entraînent
nullement la conséquence qu'il s'en produise de semblables et égales dans les autres artères. Elles ne suppo-
sent même pas nécessairement des variations de même
sens. Les recherches poursuivies surtout en ces derniers
temps par le Dr Fr.-Franck sur les circulations locales
chez les animaux ont mis merveilleusement en lumière
l'autonomie et l'indépendance relative des circulations ;

qu'il s'agisse d'organes différents ou de portions diverses de la périphérie.

Elles ont montré non moins manifestement les influences que ces circulations exercent les unes sur les autres soit par voie réflexe, soit par voie de dérivation vasculaire.

C'est sur le principe de cette influence réciproque des diverses circulations locales qu'a toujours été fondée en médecine la méthode dérivative dont les effets sont souvent si évidents. On pensait autrefois les comprendre aisément en imaginant que le sang, accumulé dans la partie où l'on provoque une fluxion, étant soustrait en quelque sorte au reste de la circulation, la pression artérielle devait diminuer et la partie malade se trouver soulagée d'autant. Mais, depuis qu'il a été constaté qu'on peut extraire des vaisseaux près de la moitié du sang qu'ils contiennent sans que la pression artérielle se modifie sensiblement, cette explication n'est plus admissible. Et, comme ces faits sont incontestables, il faut bien croire qu'ils s'expliquent autrement. On ne saurait plus guère les concevoir que comme résultant d'une influence réflexe réciproque des territoires vasculaires.

Il est bien vrai que cette influence-là a été contestée; notamment par Stefani (*Arch. ital. de Biol.*, XX, 91-109, 1893). Mais la démonstration qu'en a donnée Delezenne (*Comptes rendus de l'Ac. des Sc.*, CXXIV, 1897) ne laisse vraiment aucune place au doute. Cet auteur, ayant mis deux animaux en communication vasculaire réciproque de telle façon que les membres inférieurs de l'un fussent irrigués par le système vasculaire de l'autre, constata que tout changement de pression provoqué dans la circulation des membres inférieurs réagissait manifes-

tement sur la circulation de la tête et des membres
supérieurs du premier, quoiqu'il n'y eût aucune communication vasculaire entre les membres inférieurs et la
partie supérieure du corps. Ceci ne pouvait se produire
que du fait d'un réflexe provoqué par la fluxion ou la
défluxion des membres inférieurs, c'est-à-dire partant du
système vasculaire lui-même. Et cela fait comprendre
comment de très faibles modifications dans le régime
circulatoire de certaines régions, comment de très petites
pertes de sang produisent parfois des effets dérivatifs si
considérables. Comment d'ailleurs le choix du lieu où,
dans un but thérapeutique, on provoque artificiellement
ces modifications circulatoires locales n'est pas aussi
indifférent, que les précédentes théories auraient porté
à le croire, si les données de la pratique médicale ne
s'y étaient formellement opposées.

DES VARIATIONS DE LA PRESSION ARTÉRIELLE
A L'ÉTAT PHYSIOLOGIQUE

Influence de la pesanteur. — Parmi les causes capables de modifier la pression dans les artères il convient de considérer d'abord l'influence de la déclivité. C'est la plus simple de toutes et celle dont on peut le plus aisément suivre et apprécier les effets. C'est aussi peut-être la source des illusions dont nous avons le plus à nous défier dans la pratique.

Que les changements de situation du corps modifient la pression dans les différentes artères, c'est ce que l'expérimentation sur les animaux a très positivement montré. Dans une série d'expériences faites sur un jeune veau chez lequel la pression était prise à la fois dans la carotide et dans l'artère métatarsienne, Sprengel constata que les jambes étant dans une position déclive, la pression de la métatarsienne était supérieure à celle de la carotide en moyenne d'environ 5 millimètres de mercure; que si les jambes étaient au contraire tournées en haut la pression qu'on y constatait était inférieure à celle de la carotide en moyenne de 15 millimètres et que enfin la pression dans la carotide variait de 16 millimètres, suivant qu'elle se trouvait par rapport aux membres inférieurs dans une position supérieure ou inférieure.

Il y avait donc dans les artères des extrémités une différence de pression correspondant à 2 centimètres de mercure, suivant que les membres étaient élevés ou abaissés et cette différence représentait une colonne sanguine d'environ 27 centimètres.

Cette constatation peut se faire chez l'homme d'une façon plus précise encore en ce sens que chacun des membres peut être alternativement élevé ou abaissé, sans que le reste du corps subisse aucune sorte de déplacement. Or, si l'on recherche avec le sphygmo-manomètre la pression de la radiale dans ces diverses situations du bras, on trouve que le chiffre qui la repré-sente varie très régulièrement avec la dénivellation de l'artère explorée, s'élevant quand on abaisse le bras, diminuant à mesure qu'on l'élève. Chez un sujet de taille moyenne, la dénivellation du poignet, de la position la plus haute à la plus basse qu'il puisse prendre, est d'en-viron 90 centimètres. La colonne de sang ayant cette hauteur donnerait une pression de 7 centimètres de mer-cure à peu près. Or, 6 à 8 de différence entre les deux pressions est ce que j'ai constaté dans tous les cas où j'ai fait cette recherche, qu'il s'agisse d'hommes ou de femmes, de sujets jeunes ou âgés.

Nous verrons plus loin comment il se peut faire que le résultat du changement de niveau soit tantôt un peu atténué, tantôt légèrement exagéré. Il suffit pour le moment et il importe fort de constater que le change-ment se produit toujours immédiatement et à peu près proportionnellement à l'étendue de la dénivellation, même pour des déplacements très petits. Cela prouve en

premier lieu que le procédé d'exploration dont nous
nous servons est capable d'indiquer les moindres oscillations de la pression artérielle. Cela montre en outre
combien il faut mettre de soin, quand on étudie les
modifications de la pression artérielle, à placer le sujet
pour chacune des explorations successives dans une
situation toujours semblable. Il suffit en effet de dé-
placer l'avant-bras de 13 ou 14 centimètres dans le sens
vertical pour apporter dans le résultat de l'exploration
une différence d'un centimètre de mercure. Différence
notable qu'on pourrait, si on n'y prenait garde, attribuer
très faussement à l'action de quelque agent thérapeutique ou pathogénique.

On obtient d'ailleurs des résultats analogues quand
l'exploration porte sur la temporale et qu'on examine le
sujet alternativement couché, assis ou debout. Sur un
sujet alternativement couché à plat sur le lit, puis placé
debout, j'ai trouvé dans la première situation 13,5, dans
la seconde, 6; une autre fois sur le lit 17, debout 8,5.
Chez une jeune fille étendue, il suffisait d'élever la tête
avec un oreiller pour voir la pression s'abaisser aussitôt de près d'un centimètre. Et cet abaissement se
trouvait comme tout à l'heure en rapport exact avec le
degré de la dénivellation qui était d'un peu plus de 10 centimètres.

Il n'en est plus de même quand le corps tout entier
passe de la position horizontale à la position verticale.
Ici la différence de niveau étant égale à la taille presque
entière du sujet, il devrait semble-t-il, en résulter proportionnellement un changement de pression de 12 à
13 centimètres; tandis qu'en réalité on ne constate
qu'une différence de 7 à 8 centimètres. C'est que le

résultat est alors modifié par les réactions qui se produisent dans les différentes parties du système circulatoire et tendent à compenser les effets de la pesanteur.

Il n'y a en effet pas de changement de ce genre dans une partie de ce système qui ne retentisse à un certain degré sur tout le reste.

Par exemple, chez un sujet assis sur un siège bas, après avoir constaté la pression de la temporale, qui est 13,5, on élève l'un des membres inférieurs sur une table voisine. On voit aussitôt la pression de la temporale s'élever peu à peu et arriver au bout d'une minute à 17. Puis cette pression étant devenue fixe depuis quelques minutes, on abaisse de nouveau le membre élevé. La pression alors s'abaisse dans la temporale et revient au point de départ; mais plus lentement et au bout de 6 minutes seulement. Chaque fois qu'on renouvelle le changement de situation, chaque fois on ramène les mêmes changements de pression.

Une autre fois, le sujet étant couché horizontalement et la pression dans la temporale étant 8, on élève l'un des membres inférieurs de façon à lui donner une position presque verticale : la pression de la temporale monte à 10 et s'y maintient quelque temps. On abaisse ensuite brusquement le membre soulevé; la pression de la temporale descend aussitôt à 7 ; puis remonte à 8 qui était le point de départ. L'élévation des bras modifie de même la pression de la temporale, mais à un degré un peu moindre.

De tout cela, il appert premièrement, que le changement de pression qui a lieu dans le membre déplacé s'accompagne de modifications consécutives de la pression dans tout le reste du système artériel ; ensuite que ces modifications sont pour une part indépendantes du phénomène physique de la pesanteur, en ce sens qu'elles se trouvent modifiées ou compensées et réglées par l'intervention des phénomènes de vaso-motricité. On comprend par là, comment les changements brusques de pression provoqués par les changements de situation sont si inégalement tolérés ; comment, quand ils se produisent assez rapidement pour que la compensation n'ait pas le temps de s'opérer, il en peut résulter des accidents subits et d'une assez grande intensité. On sait avec quelle facilité le fait seul de s'asseoir dans le lit amène le vertige chez les sujets anémiés.

Liebermeister (*Ueber eine besondere Ursache der Ohnmacht.* Prager Vierteljahresb. Bd III) rapporte que quatre hommes vigoureux et bien portants, éveillés en sursaut, s'étant immédiatement jetés hors du lit, furent pris tous quatre de vertiges et d'étourdissements, puis de syncope complète.

Les différences de pression qui résultent du changement de situation du corps s'apprécient si facilement à la temporale qu'il suffit de se trouver assis sur un siège plus haut ou plus bas de 12 ou 15 centimètres pour que cela s'accuse dans cette artère par une différence de pression d'un centimètre de mercure.

Les changements de pression dans la radiale sous l'influence du passage de la position horizontale à la position verticale, ont beaucoup moins d'amplitude et de constance si le poignet est maintenu à peu près au niveau de la partie moyenne du corps. Dans une série de recherches faites à ce sujet j'ai vu le passage de la position horizontale à la position verticale, ou le changement inverse, amener dans la radiale tantôt une augmentation, tantôt une diminution de la pression, suivant les conditions dans lesquelles ces changements de position s'effectuaient.

Quand un sujet reposé, sans excitation circulatoire antérieure et au milieu du jour, passait de la position verticale à la position horizontale, la pression dans la radiale s'élevait et passait par exemple de 17 à 19, de de 16 à 16,5. Quand ensuite il reprenait la position verticale, pourvu qu'il le fît sans hâte et sans effort, la pression s'abaissait de nouveau et passait par exemple de 19 à 18,5, de 16,5 à 16. Mais si on prenait le même sujet au réveil et que, ayant constaté la pression de sa radiale dans le lit, on le faisait immédiatement lever, on voyait le pouls s'accélérer et la pression monter de 15,5 à 17, de 18 à 19,5, de 15 à 19. L'excitation produite par le déplacement et le passage du repos absolu à l'activité l'emportait évidemment en ce cas. Que si, au contraire, on laissait passer les premiers moments d'excitation, si le sujet se levait quelque temps après son réveil, s'étant occupé, ayant déjeuné par exemple dans son lit, le changement était inverse ; la pression baissait de 16,5 à 15 par exemple, de 19 à 18,5, de 19 à 17,5.

Enfin lorsque, après l'excitation de la journée, le sujet se couchait, le résultat de ce passage à la position horizontale, après une courte élévation de la pression, était un abaissement plus accentué qui la portait de 19 à 17,5, de 19,5 à 17, de 18 à 15. Et si, au bout d'un quart d'heure ou d'une demi-heure, on notait de nouveau la pression, on la trouvait encore plus abaissée.

Ce qui dominait dans la plupart de ces cas était donc

l'influence de l'excitation ou du repos. Et comme cette influence agit en sens inverse de la pesanteur, les deux parfois se compensaient et il y avait des cas dans lesquels on ne constatait plus aucune modification. Mais la compensation pouvait être excessive et alors c'était une exagération de la pression artérielle qui se produisait comme on l'a vu.

D'autre part, sous l'influence des changements de la position du corps, le cœur subit parfois dans son activité des modifications qui retentissent sur tout le système artériel et se marquent dans les caractéristiques de ses pulsations.

Les caractères sphygmographiques du pouls présentent en ces cas-là des transformations très indépendantes des changements que la pression subit dans l'artère sur laquelle le sphygmographe est appliqué. Ils sont particulièrement intéressants à étudier car on y peut distinguer ce qui dépend de l'action même du cœur et ce qui se rapporte aux changements de la pression artérielle. On en jugera par les tracés reproduits ici et qui ont été recueillis par mon ami Fr.-Franck et moi sur deux sujets désignés par les lettres F et P (fig. 6).

Les tracés furent pris successivement dans la position horizontale et dans la situation verticale et la pression en même temps déterminée par le sphygmomanomètre. Dans ceux de la série I qui proviennent, les deux premiers de F et les deux autres de P, le passage de la position horizontale à la position verticale, a produit un abaissement de pression. Les tracés recueillis dans la position verticale et se rapportant à une pression plus basse présentent un sommet beaucoup plus aigu et un dicrotisme beaucoup plus accentué que ceux recueillis dans la position horizontale. Ce sont, en effet, les indices

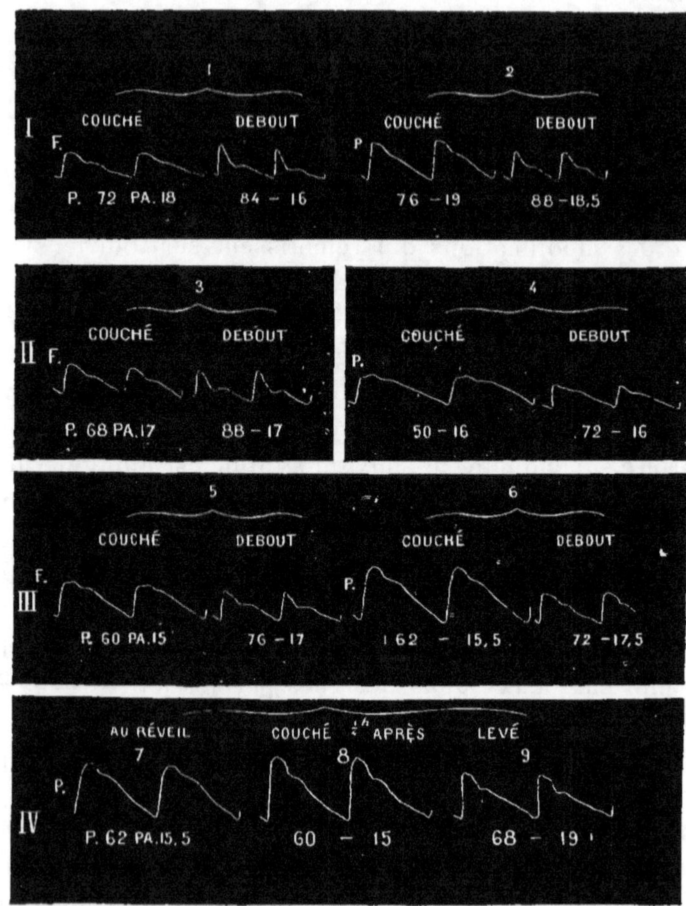

Fig. 6. — Influence des changements de position sur la pression artérielle et le pouls.

classiques d'une pression plus faible. Les séries suivantes se rapportent à des cas dans lesquels les sujets

ayant passé de même de la position horizontale à la
position verticale, la pression ne s'est point abaissée
mais est demeurée stationnaire (II), ou même a aug-
menté (III). En dépit de cela les modifications des tracés
sphygmographiques ont été sinon identiques, au moins
de même sens. Dans tous les cas le sommet des pulsations s'est trouvé moins arrondi et le dicrotisme beaucoup plus marqué. Les changements survenus dans la
forme des tracés ne dépendent donc pas exclusivement
des variations de la pression artérielle, puisque cette
pression, abaissée dans le premier cas et stationnaire
dans le second, s'est élevée au contraire dans le troisième.

A considérer ces tracés, on ne peut guère douter que
dans la position horizontale le cœur, se laissant distendre davantage projetât dans le système artériel des
ondées plus volumineuses, en même temps que plus
rares. Cela n'a d'ailleurs rien qui nous doive surprendre,
car il est assez souvent facile de constater, à l'aide de
la percussion, chez les sujets qui passent de la position
verticale à la position horizontale, que le cœur augmente
de volume et se laisse en effet distendre. Cela seul peut
expliquer la forme arrondie que présentent les pulsations
dans les tracés recueillis le matin au réveil, opposée à
l'apparence plus grêle des pulsations dans les tracés
pris au moment où le sujet venait de se lever. La forme
du tracé dépendait du volume de l'onde sanguine, non
de la pression dans l'artère. D'autre part, comme il est
évident que l'augmentation de la pression artérielle, qui
s'est produite dans la série III, au moment où l'action
du cœur diminuait, n'est point imputable à cette action
diminuée, force est bien de l'attribuer à une exagération

de la résistance périphérique d'origine vaso-motrice. On comprend par là combien l'influence de la pesanteur sur la pression artérielle peut être variable, puisqu'elle met en jeu à la fois et la dilatabilité cardiaque, et les réflexes et la vaso-motricité ; éléments nécessairement contingents et de valeur tout individuelle, qui exagèrent ou compensent plus ou moins les effets de changements de position.

On peut enfin juger de ces influences complexes en comparant les trois tracés sphygmographiques de la série IV, le premier pris au moment même du réveil, le second au bout d'un quart d'heure sans changement de position, le troisième immédiatement après, mais le sujet étant debout. On voit que du fait seul du réveil il se produit une modification du pouls indépendante de tout changement de situation. Il semble bien qu'une grosse ondée sanguine, envoyée dans un système vasculaire qui résiste médiocrement, produit le premier tracé avec son apparence arrondie ; que, après le réveil et dans la situation toujours horizontale, la même propulsion trouvant une périphérie moins résistante, la pression baisse un peu, mais l'amplitude de l'oscillation augmente et le dicrotisme se marque davantage. Puis au moment du passage à la situation verticale, les pulsations deviennent plus fréquentes et les ondées sanguines moins volumineuses, d'où des oscillations beaucoup moindres, mais une résistance apparemment plus grande puisque la pression, s'élevant d'une façon extrêmement prononcée, passe de 15 à 19.

Influence de la compression de l'artère. — Une autre cause très directe et puissante des modifications de la pression est la compression d'un gros tronc artériel.

Marey a montré que chez les animaux la compression
de l'aorte au niveau des piliers du diaphragme augmente
la pression dans la portion du vaisseau située au-dessus
du point comprimé et la déprime dans les parties situées
au-dessous. On peut aisément constater chez l'homme
que la compression de l'aorte ou des crurales augmente
la pression dans les radiales.

Mais un effet plus inattendu de la compression d'une
artère, de l'humérale par exemple, c'est d'exagérer l'amplitude des pulsations dans les branches qui en partent
et de les rendre plus distinctes, voire même plus fortes.
Il va sans dire que si la compression est suffisamment
énergique, elle efface tout battement ; que, à un degré
moindre, elle en atténue plus ou moins la force. Cependant, chez certains sujets, il y a un degré de compression où avant de s'atténuer et de disparaître les battements s'exagèrent et donnent des maxima plus élevés
que montrent et le sphygmomanomètre et le sphygmographe. Que la pulsation devienne plus nette, il n'y a
pas à s'en étonner, car la compression modérée mettant
obstacle à la pénétration du sang, surtout durant la
période décroissante de chaque pulsation, fait que l'onde
sanguine, au moment de sa pénétration, aborde dans
un vaisseau moins tendu où elle se fait mieux et plus
distinctement sentir. Que cette onde d'une amplitude
plus grande puisse être en effet plus forte et soulever
mieux la pelote du sphygmomanomètre et le ressort du
sphygmographe, c'est ce qui se conçoit moins facilement *a priori*, et ce qu'il faut bien admettre cependant,
puisque en effet parfois on le constate. Il est nécessaire
toutefois de remarquer que la compression exercée sur
l'humérale entraîne à peu près nécessairement celle des

veines collatérales et un obstacle au retour du sang veineux dont la conséquence sans doute est une exagération de la pression artérielle.

Influence des mouvements respiratoires. — Lorsque la respiration est ample, lente et régulière, la pression dans la radiale s'élève pendant la seconde partie de l'inspiration et s'abaisse vers la fin de l'expiration. Les tracés sphygmographiques et les observations sphygmomanométriques le montrent également. L'écart entre les pulsations les plus fortes et les plus faibles peut être assez notable quand la respiration est très ample. J'ai trouvé jusqu'à 2 centimètres de différence dans la temporale ; la pression y oscillant de 7 à 9.

S'il existe sur le trajet des voies respiratoires quelque obstacle à la pénétration de l'air dans les bronches et à son issue, la pression artérielle oscille en sens inverse ; c'est-à-dire que le maximum se trouve à la fin de l'expiration et le minimum à la fin de l'inspiration. C'est ce que j'avais signalé il y a bien longtemps dans un mémoire sur les *dédoublements normaux des bruits du cœur* et ce que la sphygmomanométrie confirme.

Enfin une expiration énergique et brusque avec occlusion de la glotte élève soudainement la pression et cette élévation peut aller jusqu'à 5 centimètres, ce qui n'étonne point, l'augmentation de pression intra-thoracique produite par l'effort étant d'environ 5 centimètres.

On sait qu'une inspiration forcée avec glotte fermée produit exactement l'inverse et peut aller jusqu'à faire disparaître entièrement le pouls pendant quelques instants.

Les recherches entreprises sur ce point particulier chez les animaux n'ont pas donné des résultats conformes à ce que je viens de dire. Les variations de pression artérielles imputables à l'influence respiratoire qu'on a pu trouver chez le chien n'ont pas dépassé 5^{mm} à $9^{mm},5$. Chez le cheval elles ont été nulles. Il est probable que la fréquence extrême des mouvements respiratoires chez ces animaux en est la raison principale. En ce qui concerne l'homme, cette influence est des plus positives. Je l'ai constatée et mesurée un grand nombre de fois. Mais elle est extrêmement variable en raison des conditions variables aussi de la respiration et de la circulation.

Influence de la digestion. — Le plus habituellement la pression artérielle s'abaisse à la suite du repas et pendant une partie de la période digestive, en même temps que le pouls prend une amplitude plus grande et s'accélère un peu. Les tracés sphygmographiques en témoignent aussi bien que les mensurations sphygmomanométriques. En voici un exemple (fig. 7) pris sur des tracés que j'ai recueillis dans l'été de 1885 sur mon ami Franck et moi avant et après le déjeuner. Le déjeuner avait été modérément copieux; mais la température extérieure était fort élevée ($+ 27°$) et elle a dû contribuer à exagérer les conséquences de l'acte digestif. J'eus soin en ce cas d'examiner comparativement les deux radiales. L'influence de la digestion se marqua des deux côtés dans le même sens, mais non pas au même degré.

A la suite de repas un peu copieux où le vin a été pris en quantité notable, c'est la stimulation cardiaque qui semble l'emporter. La pression tend alors à s'élever. L'abondance du repas, la nature des aliments et des boissons, la tolérance gastrique et les dispositions individuelles ont sur ces résultats une grande influence.

Aussi peut-il arriver comme on le verra plus loin que sur une dizaine de convives examinés comparativement avant et après un repas assez copieux les résultats soient tout à fait divers. Dans l'exemple qu'on trouvera cité (fig. 13, p. 71) sur 11 convives 7 eurent une élévation notable de pression. C'étaient des étudiants en médecine,

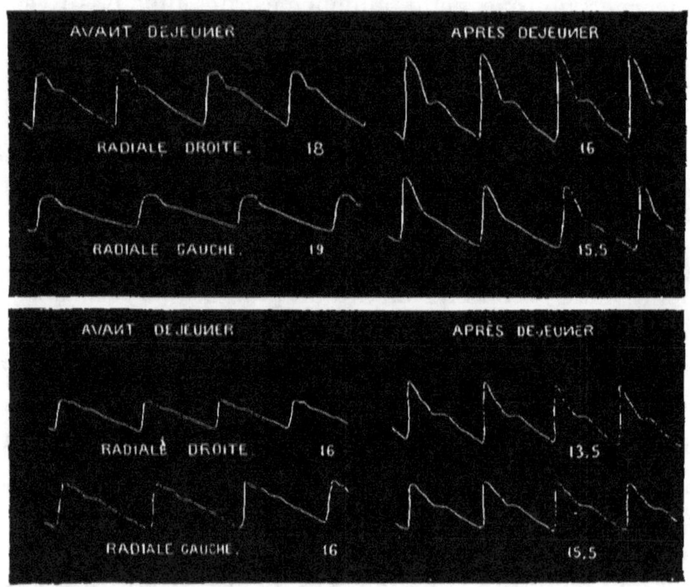

Fig. 7. — Influence de la digestion sur la pression artérielle et le pouls.

hommes jeunes et de vigoureux appétit. Deux d'âge moyen, d'appétit modéré, présentèrent un abaissement de la pression assez marqué, comme dans le cas exposé plus haut. Deux enfin qui n'avaient pris qu'une part tout à fait minime au repas ne présentèrent aucune modification de la pression artérielle.

Je laisse de côté pour le moment les cas dans lesquels les perturbations circulatoires consécutives au repas constituent de véritables états pathologiques. Nous les retrouverons plus tard. Mais il y a des cas où dans la convalescence des maladies il se produit, sous l'influence de l'alimentation, des modifications très accentuées de la pression artérielle. Ainsi chez un jeune garçon de dix-neuf ans arrivé à la période de convalescence d'une fièvre typhoïde et dans la phase où d'ordinaire la pression est abaissée, on vit cette pression, qui depuis le 5ᵉ jour de la maladie avait oscillé constamment entre 10 et 13, s'élever tout à coup à 16 à la suite d'une alimentation un peu plus copieuse que de coutume, retomber, puis remonter à 18 à la suite d'un nouvel excès de nourriture; pour revenir enfin à 12, chiffre qui se maintint ensuite jusqu'à la sortie du malade.

La nature de l'aliment peut avoir une action tout aussi marquée; ce qui prouve que l'influence de la distension abdominale n'est pour rien dans la genèse de ces accidents. Chez un sujet soumis à la diète lactée exclusive j'ai vu la pression s'abaisser en 4 ou 5 jours de 2 centimètres. Et par contre chez un néphrétique, chez lequel après 27 jours de régime lacté absolu la pression était descendue de 25 à 15, il put suffire de l'ingestion d'une seule tasse de bouillon de bœuf ajoutée au régime antérieur pour que la pression remontât aussitôt à 20.

Influence du mouvement et de la fatigue. — Le mouvement influence la pression artérielle de façons très diverses et variables. Tantôt il l'augmente, tantôt il la diminue, ou ne la modifie pas sensiblement. C'est que le mécanisme de cette influence est évidemment très complexe et qu'il y a lieu d'y faire une part distincte 1° à la locomotion elle-même, aux secousses et ébranlements qui l'accompagnent; 2° aux contractions musculaires et aux changements considérables qui en résultent pour la circulation; 5° à l'activité respiratoire; 4° enfin à l'élévation de la température résultant de l'exercice.

Les secousses imprimées à tout le corps suffisent à produire un changement de pression momentané. Pendant des voyages en chemin de fer j'ai constaté plus d'une fois que, à chacun des démarrages, la pression tout à coup baissait de 1^{cm},5 à 2^{cm},5 (de 18,5 à 17 ou de 18 à 15,5) pour remonter en trois minutes à un chiffre voisin du chiffre primitif. Dans ce cas, l'ébranlement général,

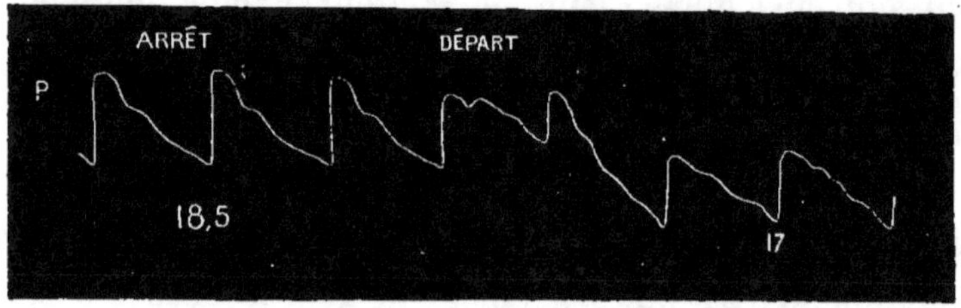

Fig. 8. — Influence des secousses imprimées au corps
sur la pression artérielle.

la surprise du système nerveux sans doute, paraissaient devoir être la seule ou au moins la principale cause de cet abaissement de la pression. A en juger par la brusquerie avec laquelle se produit le changement et dont témoigne le tracé sphygmographique (fig. 8), il y a lieu de présumer que c'est sur le cœur que porte surtout l'influence qui, dans ce cas, abaisse si promptement la pression artérielle. Mais il est impossible de ne pas remarquer que son rythme, néanmoins, ne subit aucun trouble notable et il convient de se demander si des perturbations vaso-motrices viscérales du genre de celles signalées par Goltz n'entrent pas pour une part dans le phénomène observé. En tout cas, voilà une première influence qui ne peut manquer d'intervenir dans tout exercice violent.

En général, tout exercice, tout travail musculaire un peu actif élève immédiatement la pression artérielle.

Cet effet se produit au moment même du passage du repos à l'activité. Lorsque, après une période de quelques heures d'inactivité musculaire complète on fait quelques mouvements un peu vifs quoique modérés, la pression s'élève aussitôt. Si, par exemple, ayant passé quelques heures à un travail de bureau on quitte la table pour faire seulement vingt pas dans la chambre, la pression dans la temporale monte de 1 centimètre. Se mouvoir dans son lit, quand on y est demeuré plus ou moins longtemps au repos, suffit pour amener une ascension semblable ou même plus grande. C'est pour cela qu'on peut en dehors de toute autre influence trouver des différences notables de pression chez les malades qu'on examine le matin dans leur lit d'hôpital, suivant qu'ils y ont été au repos absolu, ou qu'ils se sont auparavant levés, ou que seulement ils viennent de s'y mouvoir quelque peu. Attendre qu'ils soient revenus au calme avant de compter leur pouls, ou d'explorer leur pression artérielle, est une règle dont il ne se faut jamais départir sous peine de s'exposer à d'assez singulières méprises.

S'il s'agit de mouvements plus énergiques et plus prolongés l'effet devient nécessairement plus notable. Le professeur v. Basch rapporte dans son mémoire de 1887 que, après dix minutes d'ascension rapide dans la montagne, sa pression radiale s'était élevée de 125 à 180 millimètres. C'est dans ces conditions-là un effet constant. Un travail musculaire notable élève toujours la pression, pourvu qu'il soit modéré et peu prolongé.

Mais, dans des conditions contraires, l'effet peut être précisément inverse. En août 1885, étant en bateau avec mon ami F.-Franck et un batelier, homme assez jeune et vigoureux, nous fîmes un même exercice de rames chacun pendant dix minutes. La conséquence fut pour moi une élévation de 1 centimètre, pour mon ami Franck de 3 centimètres, et pour le batelier de $2^{cm},5$. Comme le batelier avait développé pendant les dix minutes une action extrêmement énergique, mon ami Franck voulut recommencer avec une énergie semblable. Mais, cette fois, le résultat fut tout opposé, ce fut un abaissement de 2 centimètres qui se produisit. Porté à ce degré d'intensité, le travail musculaire qui avait produit chez le batelier une exagération de la pression artérielle, amena chez mon ami qui n'y était point entraîné, un effet précisément contraire. Pour ce qui me concerne cette limite dès l'abord avait été dépassée, comme elle le fut pour mon ami dans sa seconde épreuve. L'exercice élève la pression ; la fatigue l'abaisse.

Pour avoir une idée plus précise et plus générale de l'influence que peut exercer sur la pression artérielle un exercice très actif et un peu prolongé, j'ai examiné, à l'école de gymnastique de la Faisanderie, dix jeunes soldats qui s'entraînaient à ces exercices dans le but de devenir moniteurs. J'ai noté pour chacun d'eux la fréquence du pouls et le chiffre de la pression le matin au repos et avant tout exercice. Je les ai examinés ensuite après une course au pas gymnastique faite en commun pendant un quart d'heure. Puis j'ai répété les mêmes constatations après le même exercice renouvelé au milieu de la journée. Les résultats de ces examens sont consignés dans le tableau suivant :

	PRESSION RADIALE				FRÉQUENCE DU POULS			
	REPOS	APRÈS EXERCICE	REPOS	APRÈS EXERCICE	REPOS	APRÈS EXERCICE	REPOS	APRÈS EXERCICE
1. De. . .	21,5	17	22	21	96	112	88	92
2. Bo. . .	19	16	16	17	72	80	80	80
3. Ce. . .	18	16	17	»	104	88	84	»
4. Io. . .	21	19	21	25	80	92	72	80
5. Es. . .	18	16	16	16,5	96	96	84	92
6. Cr. . .	19	18	19	»	80	60	68	»
7. La. . .	22	21	20	24	80	72	72	84
8. Ro. . .	15	14	14	14	92	100	76	96
9. To. . .	18	18	16	19	60	84	72	96
10. Ma. . .	17	19	19	»	60	68	72	»
	188,5	174	180	134,5	820	852	708	620
Moyenne . .	18,8	17,4	18	19.2	82	85	77	88

On appréciera plus aisément ces variations à l'aide
du graphique (fig. 9) où sont inscrites les courbes repré-
sentant les changements successifs subis par la pression
artérielle sous les influences alternatives du repos et
de l'exercice.

On remarquera qu'à la suite de l'exercice du matin
la pression chez huit des sujets observés s'est abaissée
plus ou moins; que chez le neuvième elle n'a subi
aucune modification et chez le dixième s'est élevée sans
qu'il fut possible de constater rien, chez ces deux derniers, qui pût expliquer pourquoi ils échappaient à la
règle commune. Quant à l'exercice du soir, ses résultats
ont été encore moins constants. Sept seulement y ont
pris part, sur lesquels il y en eut quatre, c'est-à-dire
plus de la moitié chez qui le résultat fut inverse de
ce qu'il avait été le matin. Chez deux l'effet fut nul.

Chez un seul il fut comme le matin un abaissement de la pression.

Il n'y a donc pas de rapport nécessaire et constant entre l'exercice musculaire et une modification déterminée de la pression. Cette modification peut être nulle; elle peut se produire dans un sens ou dans le sens contraire, suivant les dispositions du sujet, suivant le degré de fatigue que l'exercice détermine. Mais ce qu'on peut conclure de plus général des faits qui viennent d'être énoncés, c'est *qu'un exercice modéré élève la pression; qu'un exercice énergique et prolongé tend à l'abaisser.* D'ailleurs, pour l'interprétation du tableau un peu étrange qu'on vient de voir il faut tenir compte de ces deux circonstances : 1° que l'exercice du matin a été fait à jeun et dans des conditions d'épuisement sans doute plus facile; 2° que celui du soir a eu lieu trois heures après le repas et à un moment de la journée où, indépendamment de tout exercice, la pression artérielle tend à s'élever. C'est ce qui résulte des observations du Dr Zadek comme des miennes.

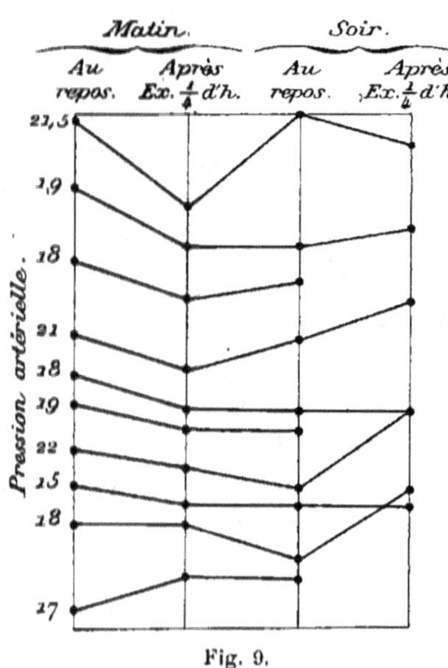

Fig. 9.

Changements de la pression artérielle sous l'influence de l'exercice gymnastique.

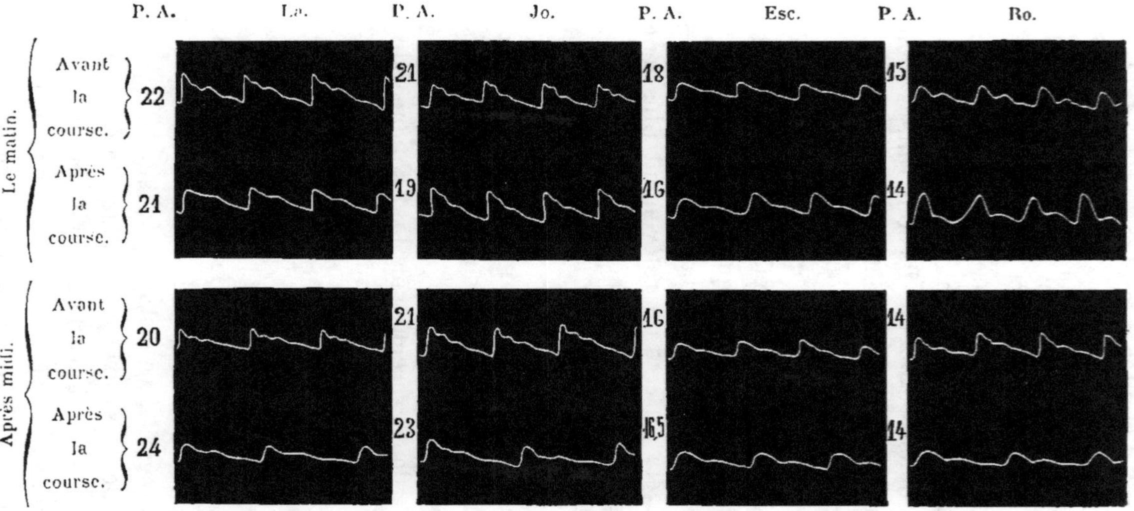

Fig. 10 [1]. — Influence de l'exercice aux divers moments de la journée sur la fréquence du pouls.

1. Les sphymogrammes de la figure 10 que j'ai pu retrouver et qui ont été pris sur quatre des gymnastes dont il est fait mention (voir le tableau de la page 59 et la fig. 9, p. 60) témoignent des influences variables de l'exercice sur la fréquence du pouls (P.-J. T.)

Il convient d'ajouter que chez ces dix soldats qui ont fait leur exercice simultanément, la pression n'a pas pu être constatée pour tous à l'instant même où l'exercice cessait et que le temps très court nécessité par l'examen a fait qu'il s'est passé pour les derniers un temps un peu plus long entre la fin de l'exercice et l'examen du pouls. Or, dans le tableau, ils sont rangés dans l'ordre de cet examen et l'on remarquera que l'effet d'abaissement le matin, de relèvement le soir s'est atténué progressivement à mesure que l'intervalle augmentait entre la fin de l'exercice et le moment de l'examen. Il faudrait même ajouter que l'effet immédiat semble avoir été pour tous un abaissement de la pression qui aurait été suivi d'un relèvement plus lent le matin et plus rapide ou plus accentué le soir. Cela expliquerait les contradictions apparentes de ces observations.

Pour qu'on ne pense pas trop aisément que l'irrégularité apparente des résultats soit la conséquence d'une observation inexacte, il est bon de noter que l'influence de l'exercice sur la fréquence du pouls a présenté des irrégularités non moindres et peut-être plus accentuées.

En somme, ce qui paraît résulter de plus général de ces observations, c'est que l'effet d'un exercice violent est un abaissement immédiat de la tension artérielle, suivi d'un relèvement plus ou moins prompt ou tardif, suivant le degré de résistance du sujet.

L'habitude des exercices musculaires amène-t-elle quelques modifications dans l'état ordinaire de la pression artérielle? Il semble qu'elle tende à lui donner un niveau plus bas si on en juge par ce qui suit.

Dans les visites que je fis à la Faisanderie pour y examiner les soldats occupés aux exercices gymnastiques, je fis la même exploration chez trois catégories de sujets : 1° de nouveaux arrivés; 2° des soldats faisant de la gymnastique depuis six semaines, et 3° des moniteurs pratiquant depuis plus ou moins longtemps (4 mois à 9 ans). L'âge moyen de ces sujets était peu différent :

    22 ans. . . . . pour la première catégorie.
    21 ans. . . . . pour la seconde   —
    24 ans. . . . . pour la troisième   —

La moyenne des pressions constatée a été :

    Chez les nouveaux venus 16,7
    Chez les élèves de six semaines 15
    Chez les moniteurs 13

Il faut ajouter toutefois que cette influence ne semble pas s'exagérer notablement par la prolongation des exercices : car si l'on partage les moniteurs en deux catégories, l'une des moniteurs exerçant depuis quatre à huit mois, et l'autre de ceux qui pratiquent depuis deux à neuf ans, on trouve une moyenne identique de 13. Néanmoins, il est à noter qu'un moniteur de trois ans d'exercice avait une pression de 13,5, celui de quatre ans une pression de 12,5, celui de neuf ans une pression de 12.

On voit qu'il ne faut point penser qu'une pression artérielle forte soit l'apanage des sujets particulièrement vigoureux. Il est vrai que l'âge de ces trois sujets était assez différent de celui de tous les autres dont l'âge moyen était vingt-trois ans, le premier ayant vingt-six ans, le second vingt-neuf et le troisième trente ans, en sorte que leur âge moyen était de vingt-huit ans. Mais comme la pression artérielle, ainsi qu'en le verra plus loin, tend à s'élever progressivement avec l'âge, la diminution constatée chez ces trois sujets n'en est que plus significative et plus manifestement liée aux conditions physiologiques dans lesquelles ils ont vécu.

En résumé, on peut conclure que le mouvement modéré élève la pression artérielle; qu'il l'élève immédiatement et d'une façon persistante, mais peu prononcée; que, poussé plus loin, il peut l'augmenter davantage; mais que, à un certain degré d'intensité ou de durée, il produit un effet précisément inverse et abaisse la pression, laquelle se relève ensuite plus ou moins promptement, suivant le degré de résistance du sujet, pour reprendre ou dépasser son intensité primitive; que l'habitude des grands exercices tend à abaisser la pression au-dessous du chiffre normal.

Si l'on cherche à se rendre compte d'effets si contradictoires en apparence, on les peut comprendre de la façon suivante :

Les muscles qui entrent en jeu exigent un supplément de circulation que leurs capillaires leur fournissent en se dilatant. La masse de sang qui les a traversés, arrivant au cœur, apporte à celui-ci des ondes plus volumineuses qu'il met en mouvement, et, par cela seul, la pression tend à s'élever. Mais, comme par compensation la portion dilatée du réseau capillaire est devenue plus facilement perméable et oppose moins de résistance à l'action du cœur, l'augmentation de pression demeure très modérée.

Elle s'exagère seulement si l'excitation cardiaque ainsi provoquée vient à beaucoup grandir. Alors les ondées sanguines volumineuses projetées par chaque systole dans le système artériel y élèvent considérablement les pressions maxima, sans que pour cela, sans doute, la pression moyenne monte notablement. Et, si l'augmentation d'activité du cœur ne suit pas exactement cet accroissement de la circulation périphérique, s'il se laisse distendre et se contracte en conséquence plus péniblement, si ses ondées décroissent, un abaissement de pression succède à l'élévation primitive. Dans cet équilibre toujours instable et toujours prêt à se rompre, il est aisé de concevoir que les modifications de la pression artérielle soient des plus variables, comme nous l'avons constaté. Quant à l'abaissement permanent de la pression chez les vieux gymnastes, il faut bien croire que la perméabilité plus aisée de la périphérie y entre pour la plus grande part. En tout cas une pression habituellement basse n'est pas chez ces sujets un signe de faiblesse.

Influence de la température ambiante. — Nous ne possédons guère de documents suffisants pour établir avec quelque précision l'influence que peut exercer la température extérieure sur le degré de la pression artérielle. Rien ne semble devoir être plus simple à étudier. Rien n'est au contraire plus difficile et plus compliqué quand il s'agit de dégager cette influence de toutes celles qui l'accompagnent. Si je m'en rapporte aux observations générales que j'ai pu faire, je dirai qu'une élévation très notable de la température extérieure entraîne habituellement un abaissement de la pression dans les artères, en même temps qu'une amplification très grande

des oscillations artérielles. On peut en juger par
l'exemple suivant (fig. 11).

Au mois d'août 1885, nous trouvant à Blois mon
confrère F.-Franck et moi, nous avions le matin, par
un temps relativement frais, constaté l'état de notre
pression radiale qui était pour Franck 16 et pour
moi 18. Vers le milieu du jour, la température exté-

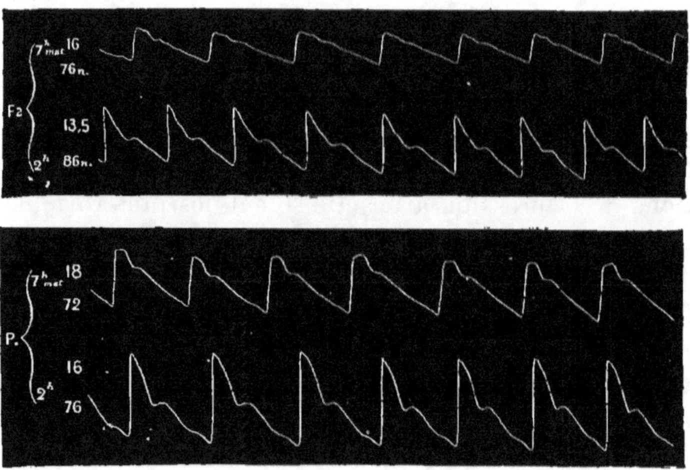

Fig. 11. — Influence de la température sur la pression artérielle
et l'amplitude du pouls.

rieure était montée à + 27°,9; la pression était devenue
pour Franck 15,5, pour moi 16; et les tracés sphygmographiques pris à ces moments successifs montraient
une augmentation très marquée de l'amplitude avec
exagération du dicrotisme. Or, comme habituellement,
ainsi que l'a constaté d'ailleurs le docteur Zadek, la
pression artérielle va augmentant progressivement à
mesure qu'on avance dans la journée, il est certain
que, dans le cas particulier, l'abaissement de la pres-

sion était dû exclusivement à l'excès de la température
qui régnait ce jour-là.

Mais il n'en est pas toujours ainsi et il y a des circonstances où l'élévation de la température provoque
une exagération plus ou moins notable de la pression.
Zadek a observé qu'un bain à + 38° élève la pression
de 6 à 10 millimètres, tandis qu'un bain tiède ne produit
aucun effet.

D'autre part Paschutine n'a trouvé aucune modification de la pression artérielle chez des chiens qu'il main-
tenait dans des caisses chauffées.

C'est qu'il y a lieu de tenir compte très vraisemblablement de deux modes d'action très différents de la
chaleur : 1° l'échauffement des tissus qui relâche les
capillaires et diminue la pression, 2° l'impression faite
sur la peau qui par voie réflexe en détermine la contraction à peu près comme le ferait le froid lui-même.
Lehmann (*Zeitschr. f. klin. Med.* 1883, VI, p. 206) a noté
qu'un bain de pieds très chaud, c'est-à-dire à 42°, élevait
la pression radiale de 4$^{c.Hg}$ et qu'un bain de siège froid
produisait le même effet ou à peu près (0°,6 à 6$^{c.Hg}$).

Au mois de septembre, étant un matin dans une
chambre dont la température était de + 17° je trouvais
que la pression de ma radiale gauche était de 21. J'en-
tourai ma main d'un sac d'eau chaude à + 40°; la sensation de chaleur était vive. La pression de la radiale ne se
modifia pas, aussi longtemps que cet enveloppement fut
maintenu. Le sac ayant été enlevé, la sensation de brû-
lure superficielle disparut, la main demeurant néanmoins
très chaude et la pression s'abaissa aussitôt à 18,5. Ayant
ensuite plongé la même main dans de l'eau froide, je vis
la pression s'élever de nouveau jusqu'à 25. Dans cet

essai deux choses ont été d'abord très évidentes : c'est que le froid a fait monter la pression et que la chaleur l'a abaissée. Mais l'abaissement n'a eu lieu qu'à partir du moment où a cessé l'impression vive produite sur la peau par le contact du corps chaud ; ce qui suppose que cette impression compensait assez exactement l'effet de la chaleur communiquée aux réseaux vasculaires de la main.

On voit que lorsqu'un changement de température apporte quelque modification à la pression artérielle, c'est surtout par voie réflexe et en augmentant ou diminuant la perméabilité des réseaux capillaires.

Amitin (*Zeitsch. f. Biol.*, XXXV, 1897) a montré en se servant du pléthysmographe qu'un échauffement ou un refroidissement brusque du liquide où le membre est plongé provoquent également une diminution de volume en déterminant un spasme vasculaire ; que l'échauffement progressif amène au contraire une dilatation vasculaire et le froid persistant une contraction des vaisseaux. Afanassiev (*Aertz. Rundsch.* 1892) avait conclu déjà de ses expériences sur les animaux que les excitations cutanées quelconques, qu'elles soient produites par le chaud, par le froid, ou par des agents mécaniques, déterminent toujours une élévation de la tension artérielle et que, quand elles sont répétées, leur action est plus vive si elles sont de sens inverse que si elles sont uniformes.

Ce que le sphygmomanomètre nous a montré chez l'homme est donc en accord exact avec les résultats des expérimentations physiologiques sur les animaux, et avec ce que d'autres méthodes ont fait voir.

Influence de la pression atmosphérique. — Les variations de la pression atmosphérique auxquelles nous sommes habituellement soumis sont trop peu étendues, se produisent trop lentement, et sont le plus souvent accompagnées d'influences perturbatrices trop diverses pour qu'on puisse apprécier aisément leur effet sur la pression artérielle. Pour déterminer plus exactement leur action sous ce rapport, je fis en 1889 avec un certain nombre d'amis et d'élèves une ascension dans un ballon captif élevé à 315 mètres et une autre au sommet de la tour Eiffel où, grâce à l'obligeance du constructeur, j'ai pu m'installer commodément pour les observations à une hauteur de 277 mètres.

Pour l'ascension en ballon nous étions six dont un ami âgé d'environ quarante ans et quatre de mes élèves. Elle eut lieu à 11 heures du matin par un temps très chaud (+ 28°,7) et se fit en quelques minutes. Le chiffre de la pression, celui des pulsations et celui des respirations, furent notés immédiatement avant et en haut de la course pendant que le ballon demeurait immobile. Le résultat en est représenté dans le tableau suivant (fig. 12) où la première notation (*a*) correspond à l'observation faite au moment de monter, la seconde (*b*) celle faite à 315 mètres au-dessus du sol (la hauteur étant calculée d'après une observation barométrique). A cette altitude la température n'était plus que 25°,8. La troisième notation (*c*) fut faite après la descente, à la suite d'un déjeuner pris en commun.

Le résultat de l'ascension fut une élévation de la pression très marquée pour tous bien qu'inégale. Pour deux d'entre nous elle fut de 1 centimètre, pour deux de 1^{cm},5, pour un de 3 centimètres et pour le dernier de 3^{cm},5 ; c'est-à-dire en moyenne de 2 centimètres. Chez tous mes

compagnons, le pouls diminua de fréquence, pour moi
seul il y eut une accélération. Il est vrai que j'étais à ce
moment fort affairé à explorer les pressions et à prendre
des tracés sphygmographiques dans des conditions assez
incommodes. Quant à la respiration, elle devint plus
fréquente chez trois d'entre nous ; elle se ralentit chez

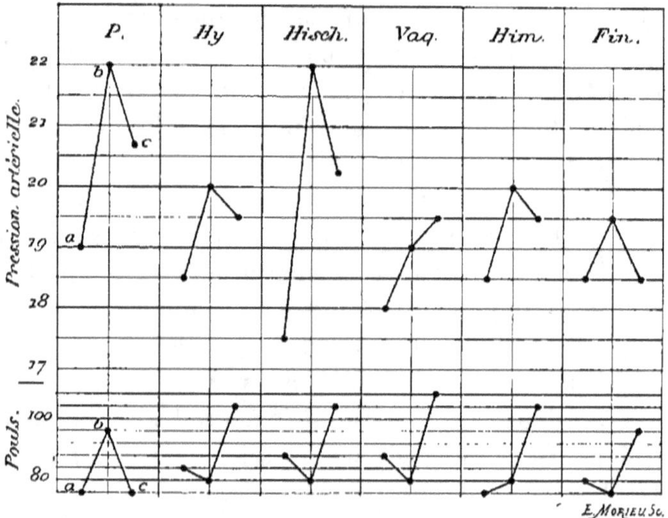

Fig. 12. — Influence de la pression atmosphérique sur la pression artérielle
et le pouls (ascension en ballon captif, 2 sept. 1889).

a. Observation faite sur le sol avant l'ascension.
b. Observation faite à 315 mètres au-dessus du sol.
c. Observation faite sur le sol, après un déjeuner.

un et demeura sans changement chez deux. Ce qui veut
dire que l'élévation de la pression ne peut être attribuée
ni à une fréquence exagérée des battements du cœur, ni
à quelque modification des mouvements respiratoires.
Les observations faites après la descente n'ont point
ramené la pression au point initial si ce n'est !pour un
des sujets observés.

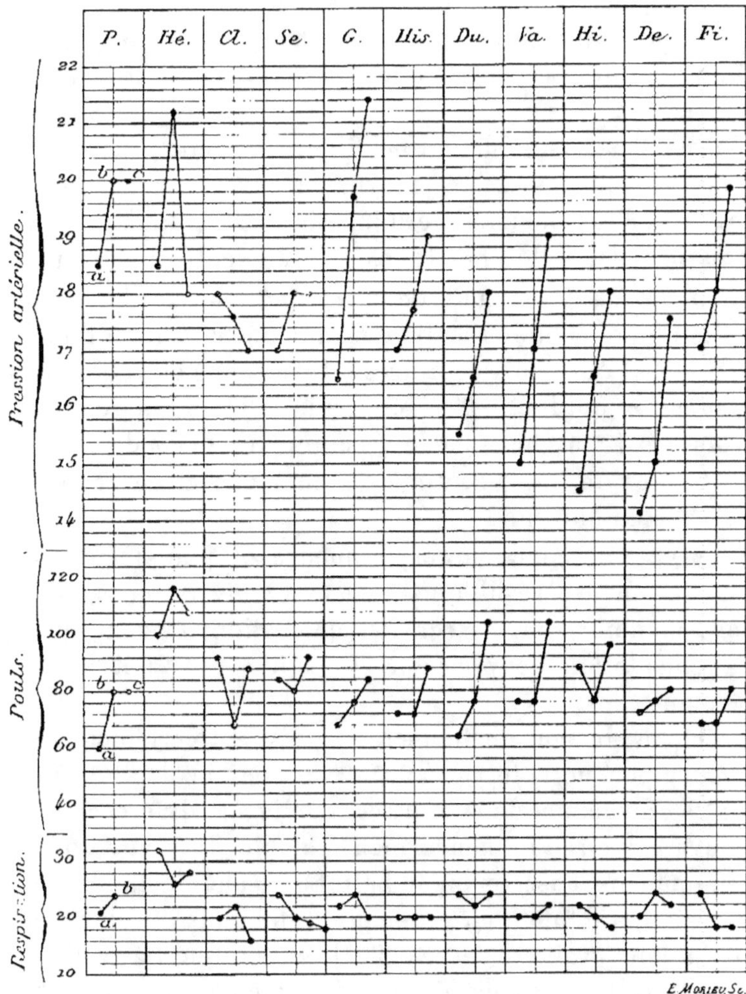

Fig. 13. — Influence de la pression atmosphérique sur la pression artérielle,
la fréquence du pouls, la respiration (ascension de la tour Eiffel, 11 août 1889).
a. Observation faite sur le sol avant l'ascension.
b. Observation faite à 300 mètres.
c. Observation après déjeuner à une hauteur de 60 mètres (première plate-
forme).

Il est vrai que l'influence du déjeuner y a été sans doute pour quelque chose. L'accélération très marquée du pouls qui s'est produite à ce moment porte à le penser.

Pour l'ascension de la tour Eiffel, nous étions 11 dont quatre confrères d'âge moyen, et six de mes élèves (fig. 15). L'ascension détermina une augmentation de la pression artérielle chez tous, sauf un seul qui, au moment de monter venait de faire une course rapide et fatigante, d'où était résulté pour lui une condition toute spéciale. Pour tous les autres, il y eut une élévation de la pression qui fut de $0^{cm},7$ chez un, de 1 centimètre chez trois, de $1^{cm},5$ chez un, de 2 centimètres chez deux, de $2^{cm},5$ chez un, de 5 centimètres chez un; et en somme de $1^{cm},5$ en moyenne.

En ce qui concerne la fréquence du pouls et de la respiration, les résultats furent assez divers pour qu'il soit, comme pour l'ascension en ballon, évident que l'augmentation de pression en était tout à fait indépendante.

Le changement de température n'y eut certainement aucune part notable, car à 20° au niveau du sol, elle était de 19° au sommet de la tour, et cette légère différence ne pouvait avoir d'influence bien notable. Il y eut donc comme dans l'ascension en ballon une augmentation de pression, qui fut en moyenne de $1^{cm},6$ tandis que dans le ballon elle avait été de $2^{cm},20$. Il est vrai que l'élévation au sommet de la tour fut moindre que dans le ballon; mais, en tenant compte de cette seule différence, l'augmentation observée à la tour pour être proportionnelle eût dû être de $1^{cm},9$. Une autre circonstance a pu avoir une influence plus grande sur ce résultat; c'est que l'ascension à la tour fut beaucoup moins rapide, une avarie survenue à l'ascenseur nous ayant obligés de faire une assez longue station à la première plate-forme.

Cette ascension, comme la précédente, avait été terminée par un déjeuner en commun, à la suite duquel la pression fut élevée pour tous les jeunes convives, mais fort au-dessus du point qu'elle avait atteint au sommet de la tour. Il est vrai que cette cause d'élévation ne fut pas compensée, comme elle l'avait été lors de l'ascension en ballon, par le retour au niveau du sol, le repas ayant eu lieu au niveau de la première plate-forme, c'est-à-dire à une hauteur de 60 mètres.

Dans ces circonstances, une élévation de 500 mètres a déterminé une augmentation de la pression artérielle de 2 centimètres en moyenne. Le fait est certain ; mais il n'est pas facile de se rendre compte du mécanisme de cette modification circulatoire. Est-ce bien d'abord à la différence de pression atmosphérique qu'il la faut attribuer ? — Cela paraît probable ; bien qu'on ne le comprenne pas. Pour en être certain, j'ai voulu savoir si une augmentation de pression déterminerait un effet inverse.

Dans ce but je me suis enfermé avec mon chef de clinique, le Dr Foubert, et un de mes élèves dans une des cloches pneumatiques du Dr Dupont.

La pression y a été élevée de 28 millimètres de mercure en cinq minutes ; elle a été maintenue pendant le même temps à ce niveau ; puis ramenée à la pression normale dans un temps égal. La pression artérielle qui avant l'expérience était pour moi de 19 centimètres, de 21 pour Foubert et 18 pour le jeune élève, descendit à la fin de la compression à 17,5 pour moi, 18 pour Foubert, et 17 pour le troisième.

Elle se maintint à peu près semblable pendant les 5 minutes que dura la compression ; puis remonta à 19 pour l'élève et pour moi ; à 21,3 pour Foubert. Il se produisit donc, sous l'influence exclusive d'une élévation de la pression extérieure de 28 millimètres de mercure, un abaissement de pression artérielle de 2 centimètres en moyenne ; c'est-à-dire un changement précisément égal à celui que nous avions observé dans l'ascension en ballon, mais en sens inverse. Or, en faisant monter la pression de l'air dans la cloche de 28 millimètres, je l'avais fait élever de la même quantité dont elle s'était trouvée abaissée dans notre ascension en ballon ; le changement d'altitude ayant fait baisser le mercure de 27^{mm},5.

Il est établi par là qu'un changement rapide de la pression atmosphérique amène un changement en sens inverse de la pression artérielle dans des proportions telles que, en moyenne, pour une élévation ou un abaissement barométrique de un millimètre, il se fait un changement de pression artérielle en sens inverse, de 0,7 millimètres, c'est-à-dire un peu plus d'un demi-millimètre. C'est assez peu de chose pour qu'il n'y ait nul compte à en tenir dans l'appréciation des effets que produisent sur l'homme les variations barométriques habituelles ; attendu que ces variations presque toujours progressives ont rarement une amplitude supérieure à 6 ou 7 millimètres dans le courant d'une journée, ce qui entraînerait au plus un changement d'un demi-centimètre dans la pression artérielle, changement inférieur à ceux déterminés à tout instant par une foule d'autres causes assez indifférentes.

Comme l'interprétation de ce fait, trop de fois constaté

déjà pour être contestable, est cependant d'une interprétation très difficile, j'ai voulu recueillir d'autres documents. Pour cela, j'ai fait avec deux jeunes parentes l'une de 19, l'autre de 25 ans, une ascension au mont Revard, où l'on s'élève en chemin de fer à une altitude de 1500 mètres (fig. 14).

L'ascension, qui est de 1255 mètres, se fait en trois quarts d'heure avec trois stations de 5 minutes. La dénivellation est donc assez rapide, puisqu'elle correspond à 40 mètres par minute. Moins rapide que dans le ballon où elle avait été de 60 mètres par minute, elle l'a été plus qu'à la tour Eiffel.

Pour ce qui me concerne, le résultat a été le suivant. La pression dans ma radiale, qui était de 19 à la station inférieure, s'est trouvée de 21.5 au

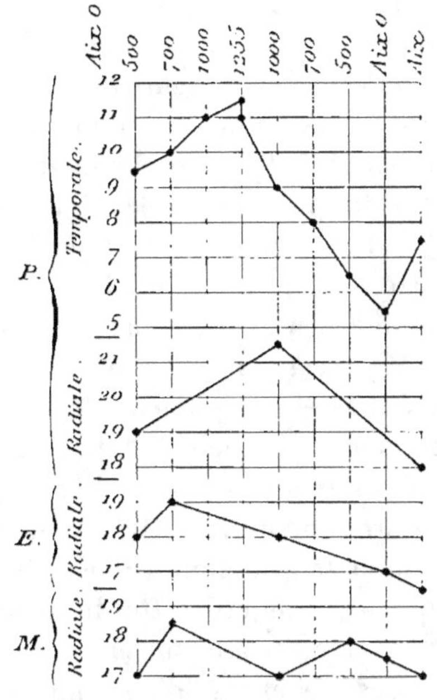

Fig. 14. — Influence du changement d'altitude sur la pression artérielle. (Ascension au mont Revard.)

sommet et est tombée à 18 au retour à la station inférieure. L'exploration de la temporale a donné un résultat semblable; répétée à chacune des stations, elle a montré une élévation progressive pendant l'ascension, puis une diminution également progressive pendant la descente. Elle s'est abaissée au-dessous du point de départ plus encore que la radiale.

Il y a donc dans cette nouvelle observation une confirmation du fait qui a été le résultat principal des précédentes, à savoir : qu'un changement de niveau rapide tend à élever la pression artérielle pendant l'ascension et à l'abaisser pendant la descente.

Il s'y trouve aussi la confirmation de cet autre fait, que l'influence qui détermine ces changements de pression est variable suivant les sujets ; que pour quelques-uns l'accoutumance se fait vite ; qu'elle a quelque chose de tout à fait individuel et par conséquent n'est pas d'ordre purement mécanique. Ainsi pour les deux jeunes filles qui m'accompagnaient, l'élévation de la pression artérielle pendant les 500 premiers mètres n'a pas été moindre que pour moi. Mais à partir de ce moment, elle a cessé de s'accroître. Une influence inverse s'est manifestée au moment de la descente, mais également modérée. Le fait habituel est donc que la pression artérielle s'élève sous l'influence d'une diminution de la pression atmosphérique, qu'elle s'abaisse au contraire quand la pression atmosphérique augmente ; que chez quelques sujets cette influence peut être compensée dans une certaine mesure.

Les résultats d'une nouvelle série d'observations ont été sensiblement les mêmes. Dans une excursion de montagne à laquelle prirent part six personnes dont un homme de 42 ans, une dame de 50 ans et quatre jeunes femmes de 18 ans à 27 ans, le trajet durant de 8 heures du matin à $4^h\frac{1}{2}$ du soir fut l'occasion de changements de niveau de 660 mètres et de modifications correspondantes de la pression barométrique inscrites sur le tableau ci-joint (fig. 15). On y voit que la première partie du trajet qui en une demi-heure

amena un abaissement de 100 mètres fut accompagnée
chez tous les sujets, sauf chez une des jeunes filles, d'un

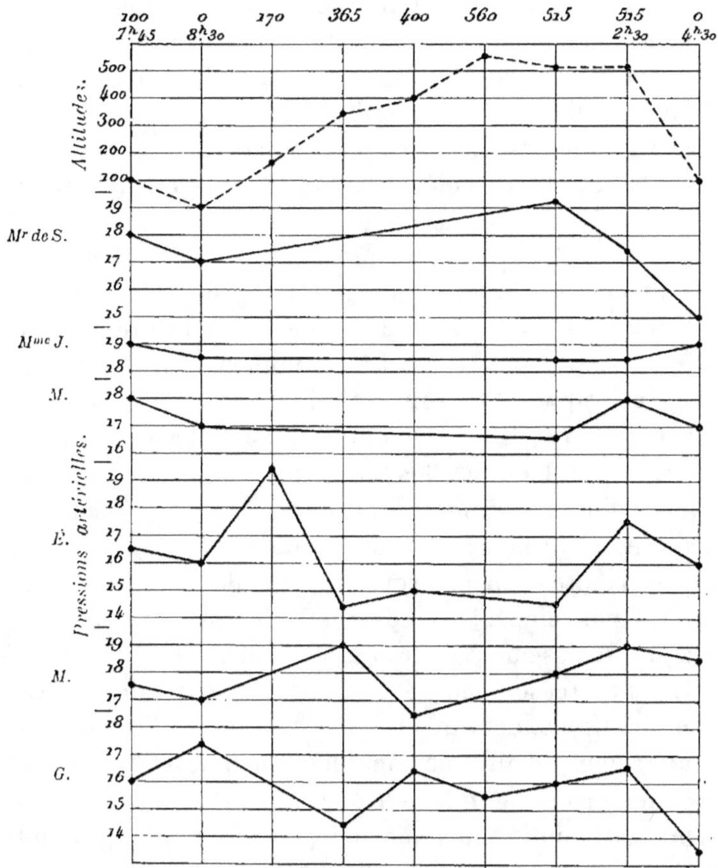

Fig. 15. — Influence des changements d'altitude sur la pression artérielle.
(Voyage de Uriage à La Mure et retour.)

abaissement de pression artérielle de 1 centimètre à
1^{cm},5, que dans la dernière partie où la descente amena
en 1 heure environ une diminution d'altitude de
515 mètres. il y eut chez tous, sauf un seul, un abaisse-

ment de la pression allant de 0,5 à 3 centimètres. En sorte que, ici comme dans les précédentes observations, on voit qu'une diminution assez rapide d'altitude amène à peu près constamment un abaissement de la pression artérielle. — Quant à l'ascension qui a duré 3 $^h\frac{1}{2}$ et pendant laquelle il n'a été possible de faire des observations assez fréquentes que chez deux sujets, on voit que pour ceux-là (E. et M.) l'élévation de la pression très manifeste au début n'a plus continué ; en sorte que, au point le plus élevé du trajet, la pression artérielle était redevenue ce qu'elle était au point de départ ou même un peu plus basse. Pour l'homme au contraire, l'élévation persistait et atteignait à ce moment 2^{cm}. Les choses sous ce rapport se sont, on le voit, passées exactement comme elles l'avaient fait dans l'ascension du mont Revard. Pour les deux jeunes personnes, l'influence du changement d'altitude a été très accentuée. mais non durable ; l'accoutumance s'est faite assez vite et la pression est revenue près de la normale ; ce qui n'a pas empêché la descente de s'accuser ensuite par un abaissement de la pression artérielle.

Ce qui ressort en résumé de cette dernière série d'observations, confirmant les précédentes, c'est que les changements d'altitude modifient incontestablement la pression artérielle ; que l'élévation l'augmente, l'abaissement la diminue ; mais que cette influence ne se produit qu'à la condition que la dénivellation soit assez rapide ; que l'accoutumance, surtout chez les jeunes sujets. la fait bientôt disparaître ; enfin que des perturbations d'autre origine, résultant par exemple de la température, du repos, de la marche. peuvent la masquer complètement. Quand aucune de ces influences n'intervient, le rapport entre les changements de l'altitude et ceux de la pression artérielle sont remarquablement concordants. On en trouvera encore un exemple dans les pressions relevées chez une jeune parente de 18 ans pendant un voyage en chemin de fer de Lyon à Uriage où, en prenant pour point de départ l'altitude de Lyon, les chan-

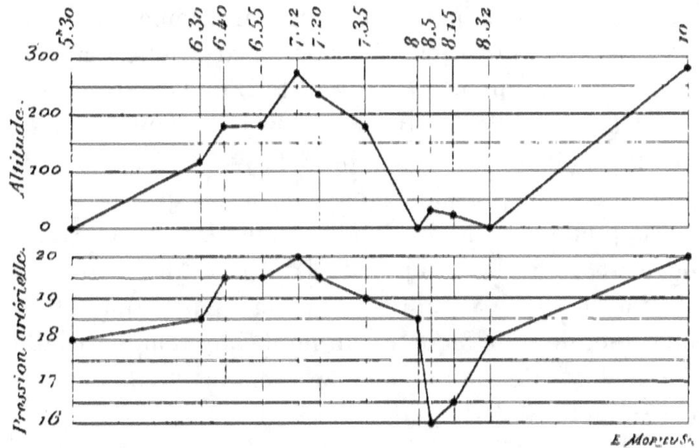

Fig. 16. — Influence des changements d'altitude sur la pression artérielle
(de Lyon à Uriage).

gements de niveau sont de 270 mètres. Les observations furent renouvelées à chaque station (fig. 16).

L'augmentation de pression pendant la période d'ascension qui dura $1^h \frac{3}{4}$ fut de 2^{cm}, et la diminution pendant la descente qui dura $\frac{3}{4}$ d'heure fut de $1^{cm},5$ et ne s'arrêta pas là car, sans nouvelle dénivellation, 5 minutes après elle était de 4^{cm}, se relevant ensuite d'elle-même jusqu'au point de départ pour monter à nouveau sur une nouvelle rampe ascendante. Il est impossible de n'être pas frappé de la façon régulière dont la courbe des pressions suit celle des altitudes. On y peut remarquer toutefois que l'effet d'une descente assez rapide, comme celle qui en 25 minutes amena une dénivellation de près de 200 mètres, amena un abaissement de la pression un peu retardé, mais dépassa dans l'abaissement le niveau primitif de la pression ; celle-ci qui était au début de l'observation à 18 était descendue à 16. Il est à noter aussi que le niveau ne variant plus sensiblement pendant la demi-heure suivante, la pression artérielle remonta d'elle-même à son niveau primitif. D'où on a la preuve que ce qui modifie la pression artérielle dans les changements d'altitude, c'est moins la valeur absolue du changement de pression atmosphérique, que la vitesse avec laquelle ce changement a lieu. De même, on y trouve un nouvel exemple de l'aptitude de notre économie à s'adapter au nouvel état de la pression atmosphérique, de telle façon qu'au bout d'un temps variable suivant les sujets l'influence du changement s'efface entièrement.

Une observation analogue faite dans un voyage en sens inverse de Grenoble à Lyon sur une jeune parente de 20 ans, a donné le tracé de la figure (fig. 17). Ici encore la ligne des pressions suit assez fidèlement celle des altitudes ; avec cette particularité toutefois qu'au départ quelques causes d'excitation avaient fait monter déjà la pression de telle sorte que l'influence de la dénivellation fut d'abord peu apparente.

Cela montre combien sont multiples les causes accidentelles des oscillations de la pression artérielle et combien il faut apporter de soin et d'attention à les observer et à les interpréter, pour ne point courir le risque de très grandes illusions. L'influence des changements d'altitude s'est montrée toutefois dans un assez grand nombre de faits et dans un sens généralement assez constant pour qu'elle ne fasse aucun doute. Elle n'est pas persistante et s'efface plus ou moins rapidement suivant les sujets.

Mais cette influence ne se comprend pas facilement. On imaginerait volontiers même que, dans l'ascension, les capillaires, moins soutenus par la pression exté-

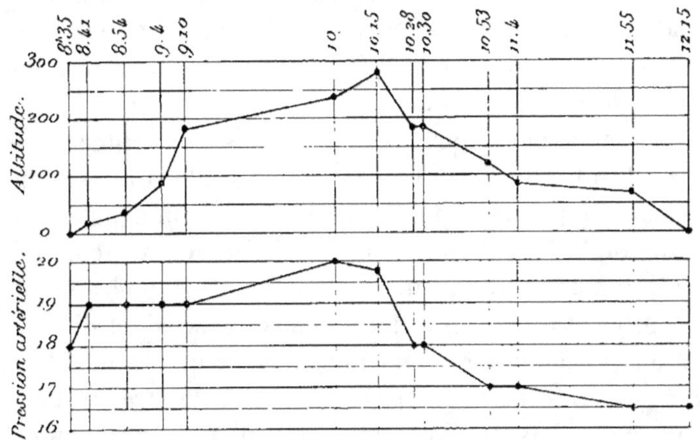

Fig. 17. — Influence des changements d'altitude sur la pression artérielle (de Grenoble à Lyon).

rieure, dussent se laisser distendre et que la pression artérielle descendît d'autant. Mais on aurait évidemment tort; car, les variations de la pression atmosphérique se répartissant d'une façon uniforme sur toutes les parties du système vasculaire, l'équilibre circulatoire n'en saurait être aucunement modifié.

Quelque chose change sans doute dans l'économie sous l'influence de la pression atmosphérique diminuée : c'est le volume des gaz intestinaux. Il augmente, bien entendu, proportionnellement à la diminution de la pression extérieure et se réduit de même dans les conditions inverses. Aussi est-il venu à la pensée de quelques physiologistes que ce pourrait être une cause suffisante de l'élévation de la pression artérielle constatée. Il était permis d'invoquer à l'appui de cette opinion le fait indiqué par Hamburger (*Ueber den Einfluss des intra-abdominales Druckes auf den allgemeinen arteriellen Blutdruckes. in Deutsch. Arch. f. Physiol.*, 1896) que lorsqu'on introduit dans la cavité péritonéale d'un animal une solution physiologique indifférente la pression artérielle tout d'abord s'élève un peu.

Je ne pense pas cependant qu'on puisse accepter cette interprétation, ou du moins s'en tenir à elle. Car, si l'on tient compte par exemple de la décompression subie au sommet de la tour Eiffel ou dans le ballon captif, comme elle répond à $\frac{1}{27}$ environ de la pression atmosphérique, il en résulterait que les gaz intestinaux se seraient dilatés d'autant. Et comme on peut bien penser que le contenu gazeux des intestins ne dépasse point 5 ou 6 litres, il faut conclure que l'ascension dont il s'agit a pu augmenter le contenu de la cavité abdominale de 220 centimètres cubes au plus. Un verre d'eau introduit dans l'estomac en fait tout autant. L'évacuation de la vessie en fait davantage en sens inverse, sans provoquer de changement pareil dans la pression sanguine. J'ai plus d'une fois recherché les modifications de la pression artérielle pendant l'opération de la paracentèse abdominale et je n'ai pas vu se produire de changement notable, ni constant, alors même que la quantité de liquide évacuée atteignait jusqu'à 15 ou 16 litres.

Le ventre a en général des parois assez extensibles

pour que les variations de son contenu, à moins d'être considérables, ne modifient que très peu la pression intra-abdominale. Je m'en suis plus d'une fois assuré.

Mais autre chose encore change dans notre organisme sous l'influence des changements de densité du milieu atmosphérique où nous sommes plongés; ce sont les échanges gazeux qui ont lieu dans les poumons. Assurément la fixation de l'oxygène par les globules rouges en est peu modifiée. Mais il n'en est pas de même de l'élimination de l'acide carbonique. Celle-ci est entravée ou facilitée, suivant la proportion qui s'en trouve dans l'air introduit par la respiration. Aux altitudes où j'ai observé la pression, la proportion d'acide carbonique dans l'air n'est pas sensiblement différente de ce qu'elle est au niveau du sol. Mais comme il y est à une pression moindre, la diffusion de celui du sang s'accélère et son élimination devient plus complète. De là sans doute le bien-être qu'on éprouve en s'élevant vers les hauteurs, et la sensation au contraire d'anxiété légère, d'étouffement modéré qui accompagne la descente, comme s'il se produisait alors quelque léger degré d'asphyxie.

Or, l'asphyxie amène un abaissement notable de la pression artérielle, que remplace une élévation corrélative quand l'asphyxie se dissipe.

Il est vrai que cela ne résulte pas très nettement des expérimentations de la physiologie; car les résultats semblent contradictoires. Zadek, par exemple, trouve une augmentation de pression artérielle chez les animaux soumis à l'action de l'air comprimé; Lazaric et Schirmunsky une diminution dans l'air raréfié. Klug, Pick ont affirmé d'autre part que l'asphyxie élève fortement la pression. Mais Knorr et Thor Stenbeck, en 1890,

constatent des alternatives d'augmentation et de diminution. Et un expérimentateur italien, Berri, indiquait,
en 1896, l'abaissement de la pression artérielle comme
la conséquence habituelle de l'asphyxie.

J'ai voulu savoir ce qui en est chez l'homme pour les
degrés légers de l'asphyxie commençante et c'est sur
moi-même que j'ai expérimenté.

Pour cela, je respirais par un très large tube l'air contenu dans un ballon de caoutchouc de quelques litres et
à parois assez minces pour que ses alternatives d'am-
pliation et d'affaissement n'opposassent absolument
aucun obstacle aux mouvements respiratoires. Pour régler le degré d'asphyxie produit par la respiration de
l'air contenu dans ce milieu confiné, une ouverture laté-
rale permettait d'admettre l'air pur en proportion plus
ou moins grande ou nulle.

Si l'air ne se renouvelait absolument pas, je voyais la
pression artérielle mesurée à la temporale baisser, en une
à deux minutes, de 1 à 2 centimètres. Puis au moment
où l'air pur était admis, la pression remontait vers le chiffre initial qu'elle dépassait quelquefois. Que si dès le
début je laissais l'air pur se mélanger en certaine proportion à l'air du ballon, l'action était plus tardive, la
pression baissait beaucoup plus lentement ; mais elle
finissait par s'abaisser tout autant que dans le cas précédent. De même, quand je ne respirais plus que de l'air
pur, elle s'élevait rapidement et dépassait parfois le
chiffre initial. Il n'est donc pas défendu de présumer que
quand, dans un air où l'acide carbonique est à une pression moindre, celui-ci s'échappe du sang plus librement
et en plus grande abondance, la pression s'élève exactement comme elle le fait quand je passe de la respiration

d'un air contenant une quantité exagérée d'acide carbonique à la respiration d'un air relativement pur. Il est à
noter que, pour ce qui me concerne, l'étendue des modifications de la pression artérielle a été la même dans les
deux cas, c'est-à-dire de 1^{cm},5 à 2 centimètres.

Reste à savoir comment l'asphyxie, c'est-à-dire l'im-
parfaite élimination de l'acide carbonique du sang
diminue la pression artérielle. Il n'est sans doute pas
facile de le préciser, car les opinions les plus diverses
ont été émises sur ce sujet. Mais si le fait est exact pour
le cas particulier, comme je viens de le montrer, il n'est
pas impossible de lui trouver une interprétation plau-
sible. On sait en effet que l'acide carbonique, comme l'a
montré Brown-Séquard, provoque la contraction des
muscles lisses et notamment celle des petits vaisseaux. Il
est donc permis de penser que : plus le sang se débar-
rasse complètement dans le poumon de son acide carbonique, moins les capillaires s'y contractent ; plus ils
laissent libre passage au sang, plus librement celui-ci
afflue aux cavités gauches et plus la pression s'élève
dans le système aortique ; que, inversement, l'acide carbonique retenu retardant le cours du sang dans le poumon, abaisse d'autant la pression dans les artères.

Les tracés sphygmographiques que j'ai pu recueillir
dans ces diverses ascensions déposent d'ailleurs en
faveur de cette interprétation. Que l'on considère, en
effet, ceux de la planche ci-contre (fig. 18) pris sur
deux élèves qui m'accompagnaient dans l'ascension en
ballon, on verra que les sphygmogrammes recueillis à
une altitude de 517 mètres au-dessus du sol diffèrent de
ceux qui l'avaient été au niveau du sol par une amplitude un peu plus grande, par une forme plus arrondie.

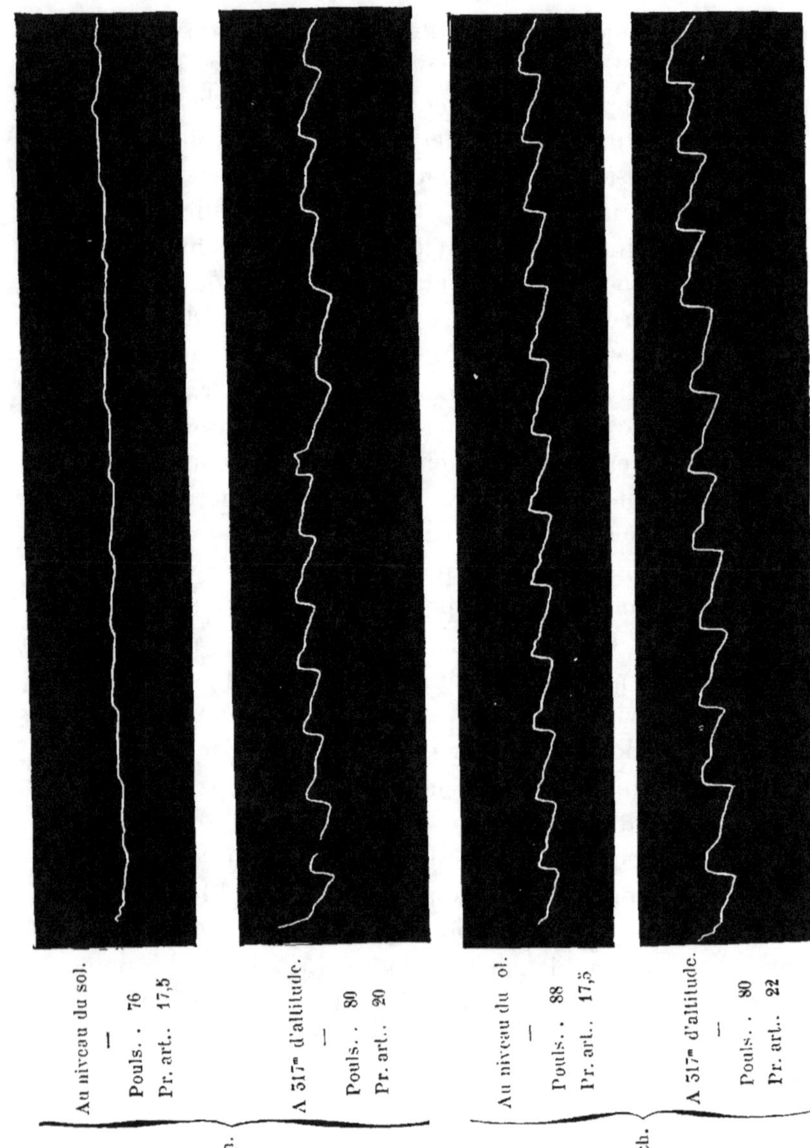

Fig. 18. — Sphygmogrammes pris lors de l'ascension en ballon captif.

Or, cette modification de la forme, on la retrouve toutes les fois que l'ondée sanguine sortant du ventricule devient plus volumineuse. Si donc on en croit ces tracés, ce n'est pas à une résistance périphérique exagérée qu'il faut attribuer l'augmentation de la pression artérielle, car en ce cas l'amplitude du tracé n'eût point été augmentée; non plus à une fréquence plus grande des pulsations, car dans un des cas il y avait un léger ralentissement; c'est donc bien à une augmentation du volume de l'ondée sanguine projetée par le ventricule. Nous savons que ces ondées se réduisent jusqu'à la suppression presque complète du pouls radial, lorsque la circulation du poumon est entravée par le retrait spasmodique des ramifications vasculaires de cet organe. Il est naturel de penser qu'elles augmentent, au contraire, de manière à élever un peu la pression lorsque, en se relâchant, ces mêmes vaisseaux laissent le sang aborder en plus grande abondance au ventricule gauche.

On conçoit que le changement de pression que je viens d'indiquer, bien qu'il ait lieu toujours dans le même sens, se produise, comme on l'a vu, avec une intensité variable suivant les sujets et ne se présente pas avec la proportionnalité exacte d'un phénomène purement physique; que certaines aptitudes ou conditions circulatoires l'exagèrent ou l'atténuent; que l'accoutumance le puisse modifier. Et c'est en effet ce que l'observation fait voir.

Oscillations de Traube-Hering. — Aux variations diverses que la pression artérielle peut subir à l'état normal, il reste à ajouter celles observées d'abord chez les animaux par Traube et par Hering, variations que la sphygmomanométric permet de constater chez l'homme et dont il est indispensable de tenir compte en clinique; si l'on veut ne se pas faire illusion et attribuer à une influence pathologique ou thérapeutique des variations purement physiologiques.

Quand on observe attentivement la pression artérielle d'une façon continue, pendant un certain temps, c'est-à-dire pendant deux ou trois minutes au moins, on remarque chez certains sujets, en outre des oscillations d'origine respiratoire que caractérise leur périodicité spéciale, d'autres oscillations à périodes plus longues, qui dans l'espace d'une ou deux minutes font alternativement monter et descendre la pression d'un demi-centimètre à 1 centimètre avec un accroissement lent et une descente également progressive. Comme ces oscillations, qui semblent se continuer indéfiniment, ne se rattachent à aucune cause extérieurement appréciable, il faut bien croire que, de même que celles observées par Traube et par Hering, elles sont la conséquence des resserrements et relâchements alternatifs dont les vaisseaux périphériques sont le siège.

Les oscillations de Traube-Hering paraissent exister à des degrés très variables suivant les sujets et les circonstances.

Leur étude chez l'homme n'a point été faite encore; pour cette raison qu'elle est des plus délicates. On ne saurait cependant les négliger tout à fait; elles ont vraisemblablement quelque part aux différences que l'on constate assez souvent dans les résultats d'examens successifs faits sur le même sujet à de courts intervalles. ou même dans les difficultés que l'on éprouve parfois à déterminer quel est le chiffre vrai, parmi ceux qu'on note successivement dans le cours d'un même examen. On conçoit combien il importe de ne pas confondre les variations de cet ordre avec celles imputables à des influences pathologiques ou thérapeutiques.

De la pression artérielle normale. — Les très grandes inégalités et les fréquentes variations de la pression artérielle à l'état physiologique ne permettent pas d'attribuer un chiffre précis à la pression normale. Pourtant, avant d'apprécier la valeur des modifications que les maladies ou les agents thérapeutiques y apportent, il serait bien essentiel de posséder tout au moins des moyennes correspondant aux diverses conditions de l'état normal, et de savoir dans quelle mesure la pression peut s'écarter de ces moyennes sans qu'on doive considérer ses variations comme un indice de maladie. Or, rien n'est plus difficile en réalité, car ces moyennes ne sauraient s'établir qu'à l'aide d'observations très multipliées et le médecin, n'ayant habituellement affaire qu'à des malades, ne parvient qu'à grand'peine à réunir un nombre suffisant d'observations portant sur des gens qu'on puisse considérer à bon droit comme étant absolument exempts de tout état morbide.

Pour obtenir, tout au moins chez une catégorie déterminée de sujets, un chiffre qui mérite quelque créance, j'ai examiné, en 1886, 110 jeunes soldats du 115ᵉ de ligne casernés au fort de Nogent. L'examen a été fait pour une partie des sujets entre cinq et sept heures du soir, les soldats n'ayant subi ce jour-là aucune fatigue exceptionnelle; pour une autre part, à neuf heures du soir.

Ces soldats appartenaient aux classes de 1882, 1883, 1884 et 1885, c'est-à-dire qu'ils avaient de vingt et un à vingt-quatre ans. J'ai exploré chez tous la radiale gauche et j'ai trouvé que la moyenne des 110 constatations donnait le chiffre de 17,74, avec des différences allant de 14,5 à 20,5.

Le chiffre le plus fréquemment constaté a été celui de 18 à 18,5; il l'a été 58 fois. Ensuite, dans l'ordre de fréquence, vinrent les chiffres 19 et 19,5 constatés 19 fois; puis les chiffres 17, 17,5, 16 et 16,5 qui le furent 18 fois. Les chiffres 15 et 20 ne l'ont été chacun que 8 fois.

Donc, pour les jeunes hommes de vingt et un à vingt-quatre ans en état de santé et sous les armes, la moyenne de la pression est 18 entre cinq et neuf heures du soir, puisque ce chiffre est le plus souvent constaté, qu'il représente, en outre, assez sensiblement la moyenne générale.

Mais il faut ajouter qu'on peut être apparemment dans un état de santé tout à fait normal avec des pressions assez différentes allant de 15,5 à 20. Les chiffres supérieurs ou inférieurs à ceux-là ont été exceptionnels et peuvent être considérés comme anormaux. Mais j'avouerai n'avoir remarqué aucun indice d'altération ou de débilité dans l'état de santé des sujets qui les ont offerts. J'ai noté seulement que, chez plus de la moitié d'entre ceux qui présentaient une pression infé-rieure à 16 centimètres, il existait un dédoublement normal du deuxième bruit sans autre modification ni de l'état du cœur, ni de la fréquence du pouls dont la moyenne était de 74, la moyenne générale chez ces jeunes gens ayant été de 75.

Le degré de la pression artérielle ne paraît avoir aucun rapport avec la taille. La taille moyenne des 110 soldats était de $1^m,64$ avec un minimum de $1^m,54$ et un maximum de $1^m,75$. Or, en les partageant en groupes, on voit que la pression est sensiblement la même chez les plus petits et chez les plus grands, comme on peut en juger en considérant les groupes formés d'après la taille.

	19 sujets.	15 sujets.	28 sujets.	50 sujets.	18 sujets.
Taille de	1^m,54 à 1^m,56	1,^{m}57 à 1^m,61	1^m,62 à 1^m,65	1^m,66 à 1^m,69	1^m.70 à 1,^{m}75

Moyennes correspondantes :

Pr. art.	17^m,95	17^m,81	17^m.48	17^m,85	17^m,86

Si, d'un autre côté, on réunit par groupes les sujets ayant présenté des pressions semblables, on voit que ceux dont la pression était la plus basse ou la plus élevée ne différaient pas sensiblement des autres sous le rapport de la taille.

Pression artérielle.	15	16	17	18	19	20
Taille moyenne . .	1^m,62	1^m.64	1^m.68	1^m.67	1^m,63	1^m,64

D'ailleurs, dans chacun de ces groupes il se trouvait des individus appartenant à la plus grande taille et d'autres à la plus petite.

Si, enfin, on veut savoir quel rapport existe entre le nombre de pulsations et le degré de la pression artérielle, on le trouve indiqué dans les tableaux suivants :

Nombre de pulsations.

68	80	72	74	75	85	77
14,5	15	16	17	18	19	20

Pression artérielle.

Nombre de pulsations.

50	56	60	64	68	72	76	80	84	88	92	96	100	108	112
18,4	17,9	17,1	17,7	17.5	18.4	17.7	17.7	17.5	18.1	18,4	18,7	19	19,5	15

Pressions artérielles correspondantes.

On voit que, d'une façon générale, le pouls est un peu plus fréquent avec les pressions élevées qu'avec les pressions basses et que, de même, aux chiffres supérieurs du pouls correspondent des chiffres de pression généralement plus élevés. Mais, comme il y a de part et d'autre des chiffres très différents, il se trouve, si on met d'un côté tous les chiffres correspondants à une fréquence du pouls inférieure à 76 et, de l'autre, tous ceux qui correspondent à une fréquence supérieure à ce chiffre, que, de part et d'autre, la moyenne des pressions observées est identique et donne le chiffre 17,8. Il faudra donc conclure finalement que la *fréquence du pouls n'est dans aucun rapport nécessaire avec la pression artérielle.*

Les soldats soumis à cette observation différaient trop peu par leur âge pour qu'il y eût quelque chance de rencontrer chez eux aucune différence de pression qui en pût dépendre; les plus jeunes ayant vingt et un ans et les plus âgés vingt-quatre. Aussi n'en a-t-on constaté aucun. En les groupant par âge on obtient le relevé suivant :

Age	21 ans.	22 ans.	23 ans.	24 ans.
Pression artérielle.	18,37	17,38	17,87	17,25

Les différences constatées sont trop faibles pour qu'il y ait lieu d'en tenir compte. En tout cas, ce qui ressort de ces constatations c'est qu'à la fin de leur service militaire ces soldats avaient une pression moindre que celle que l'on trouvait chez ceux récemment arrivés au corps.

S'agit-il d'un abaissement dû à l'habitude d'exercices très énergiques, abaissement analogue à celui que nous avons rencontré chez les gymnastes de la Faisanderie? Ou bien faut-il penser que le métier de soldat a, dans les premiers temps, contribué à élever la pression au-dessus de la normale pour la laisser revenir à un niveau s'en rapprochant davantage à mesure que l'accoutumance s'établissait? Il y a lieu de croire que cette dernière supposition est la plus exacte, car nous verrons plus loin que la moyenne pour les jeunes garçons de dix-huit à vingt ans a été trouvée de 15 seulement; en sorte qu'il se produit évidemment une élévation très rapide au moment de l'entrée sous les drapeaux. D'autre part, il est à noter que ceux des jeunes soldats qui présentaient la pression la plus élevée (19, 20, 21, 22) étaient des sujets qui, jusqu'ici, avaient exercé des professions sédentaires (des étudiants en médecine, des employés de commerce, des peintres sur porcelaine). Tandis que les autres étaient des hommes habitués aux travaux les plus rudes (des cultivateurs, des forgerons, manœuvres, etc.). Ce qui veut dire sans doute que les premiers avaient eu plus d'efforts à faire pour s'adapter à leur nouveau genre de vie.

Quoi qu'il en soit, il résulte de tout ce qui précède que, chez des hommes de vingt et un à vingt-quatre ans adonnés à la vie active, la moyenne de la pression observée vers la fin de la journée est représentée par le chiffre 17,74. Chez les sujets de conditions analogues observés dans la matinée, à la Faisanderie, la moyenne a été 16,7. D'où l'on pourrait induire que la moyenne générale pour les sujets de cette catégorie dans la matinée et au repos doit être à peu près 17.

Je n'ai pu réunir un nombre suffisant d'observations relatives aux femmes de cet âge dans l'état absolument physiologique; d'après ce que j'ai pu constater, je présume que la moyenne viendrait pour elles aux environs de 16.

Au demeurant, la fixation absolue de cette moyenne n'a pas au point de vue pratique toute l'importance qu'on pourrait être tenté de lui attribuer. Car, ainsi qu'on l'a pu voir, un état de santé en apparence tout à fait normal est compatible avec des écarts de 6 centimètres. Nous avons en effet trouvé comme extrêmes chez nos jeunes soldats les chiffres 14,5 et 20,5, chiffres s'écartant également de 3 centimètres au-dessus et au-dessous de la moyenne. On verra toutefois quand nous aurons à parler de l'influence des états pathologiques que ces extrêmes sont suspects et qu'on ne saurait les rencontrer sans y être attentif.

En résumé, on pourra, je pense, se considérer comme ayant affaire à une pression se rapportant à l'état physiologique quand chez un sujet de 20 à 25 ans on trouvera les chiffres de 15 à 19 chez un homme, de 14 à 18 chez une femme.

Pour déterminer la pression normale chez les *sujets plus jeunes*, je l'ai, avec mon ancien chef de clinique, M. le Dr Vaquez, étudiée chez une série de jeunes garçons pouvant être considérés comme exempts de maladie. Les uns étaient des enfants soignés pour la teigne à l'hôpital Saint-Louis; les autres, de jeunes élèves de l'École d'Alembert de Montevrain. Tous étaient bien portants. Les derniers vivaient à la campagne dans d'excellentes conditions d'hygiène; si bonnes mêmes que la petite infirmerie réservée dans cet établissement reste absolument sans emploi. Les plus jeunes de ces enfants avaient cinq ans et les plus âgés vingt ans.

Les pressions relevées sur les sujets de cette série ont donné des chiffres très inégaux; le plus faible étant 8 et le plus élevé 18. La moyenne générale a été exactement 12.

D'une façon générale la pression s'élève avec l'âge. Le chiffre le plus faible a été constaté à l'âge de 5 ans, le plus fort à 17 ans. Mais la progression n'est pas absolument régulière et l'on retrouve chez certains sujets des chiffres faibles à un âge où la moyenne commence à s'élever déjà, et inversement, des chiffres relativement élevés chez des sujets encore jeunes. Toutefois à partir de 8 ans le chiffre 8 a disparu ; à partir de 15 ans le chiffre 9 n'existe plus ; à partir de 18 ans nous n'avons plus constaté le chiffre 10. De même le chiffre 16 n'a pas été rencontré au-dessous de 11 ans, ni le chiffre 12 au-dessous de 15 ans, ni celui de 11 avant 8 ans ; ni le chiffre 10 avant 7 ans.

Les moyennes ont été les suivantes :

Âge.	Pression artérielle.
De 5 à 7 ans =	8,6 (8 à 8.75)
De 8 à 12 — =	9,4 (8 à 11.5)
De 15 à 17 — =	15,7 (10 à 18)
De 18 à 20 — =	15,1 (14 à 17)

Quant aux conditions physiologiques avec lesquelles coïncide pour les sujets de chaque âge une pression plus ou moins élevée, elles ne sont pas faciles à déterminer d'une façon précise. Néanmoins si l'on réunit par exemple tous les sujets de 16 et 17 ans pour lesquels la moyenne de la pression est 15.9 et qu'on range d'une part tous ceux dont la pression est inférieure à cette moyenne, de l'autre tous ceux chez lesquels elle a été supérieure et que l'on compare dans ces deux catégories la taille, le poids, la fréquence du pouls et l'étendue de la matité précordiale, c'est-à-dire le volume du cœur, on obtient les résultats suivants :

	Taille.	Poids.	Pouls.	Volume du cœur.	Périmètre du thorax.	Hauteur du sternum.
Pression artérielle inférieure à la moyenne.	(11,0)	1ᵐ57	48ᵏ0	75,4	82,5	78,8	26,5
Pression artérielle supérieure à la moyenne.	(15,0)	1ᵐ65	56ᵏ	83,4	77,4	85,3	28,4

On voit que les sujets dont la pression dépasse la moyenne sont en général plus grands, plus développés que ceux chez lesquels la pression est inférieure à la moyenne. Or, cela ne résulte point ici du progrès relatif à l'âge, car dans le premier groupe, l'âge moyen est un peu plus élevé et les sujets au-dessus de 17 ans sont un peu plus nombreux que dans le second.

Il résulte de cela qu'une pression artérielle plus forte s'allie d'une façon générale à un plus grand développement. Or, il ne faut pas croire que cela résulte d'un développement relativement plus considérable du cœur; de quelque chose qui se puisse rapporter à ce que l'on a appelé l'*hypertrophie de croissance*. Loin d'être plus volumineux chez les sujets à pression plus forte, le cœur au contraire s'est trouvé l'être un peu moins dans le rapport de 77,4 à 82,5.

Parmi les jeunes garçons de 16 à 17 ans, quatre nous furent signalés comme particulièrement forts en gymnastique. Il y avait donc quelque intérêt à rechercher en quoi ils se distinguaient des autres relativement aux différentes conditions signalées.

Or, voici ce que nous avons trouvé pour ce qui les concerne comparativement aux autres.

	Pression artérielle.	Taille.	Poids.	Pouls.	Volume du cœur.	Périmètre du thorax.	Hauteur du sternum.
Gymnastes	15	1ᵐ65	58ᵏ1	81	82,2	85,8	27,5
Moyenne des autres.	15,9	1ᵐ61	52,5	79,4	79,9	81	27,4

Ils étaient donc en tout supérieurs à la moyenne des autres : taille, poids, périmètre thoracique, volume du cœur et pression artérielle étaient plus élevés. Il y aurait lieu toutefois de réserver la question de savoir si la pratique de la gymnastique a contribué à ce développement plus accentué des forces physiques, ou si une vigueur plus grande n'a pas provoqué chez eux le goût d'exercices pour lesquels ils étaient particulièrement doués. Mais les faits relevés chez les gymnastes astreints à un exercice régulier nous ayant montré que l'activité circulatoire s'accroît chez eux avec la durée de leur profession, il faut bien admettre en ce cas l'influence de l'exercice sur le développement et l'activité du système circulatoire.

Pour ce qui concerne la période de *sénilité* j'ai pu, grâce à l'obligeance de mon collègue, le docteur Cuffer, recueillir des documents suffisants relativement à l'état physiologique en examinant dans les salles de Bicêtre les vieillards qui y sont recueillis sans maladie et en raison seulement de leur âge.

J'en ai examiné 58 dont l'âge variait de 80 à 89 ans. La moyenne des pressions constatées chez ces vieillards a été 22, avec un minimum de 15,5 et un maximum de 30.

POTAIN.

Les différences observées se sont trouvées réparties, d'après la fréquence avec laquelle on les a rencontrées, de la façon suivante :

Pression artérielle.	15,5	16	17	18	19	20	21	22	23	24	25	26	27	28	29	30
Nombre de vieillards.	1	1	5	2	6	7	4	7	4	10	2	2	4	1	1	1

De sorte que, si la moyenne générale a été 22, le chiffre le plus fréquemment constaté a été 24 et qu'en somme on peut dire que dans cette période de la vie le chiffre de la tension artérielle oscille surtout entre 19 et 24.

La raison pour laquelle à cet âge la radiale résiste autant à la pression du sphygmomanomètre paraît être pour une part la rigidité de sa paroi. Si on partage les faits observés en trois catégories suivant que l'artère a paru au doigt assez souple, ou dure, ou rigide à la façon d'un tuyau de pipe, on trouve pour ces trois catégories les chiffres respectifs de 22, 24 et 29.

L'hypertrophie du cœur entre pour quelque chose dans la hauteur des chiffres constatés ; car, si l'on réunit les quelques cas dans lesquels cette hypertrophie a été notée sans qu'il existât de lésion d'orifice ; la moyenne des pressions pour ces cas-là est 24,6 ; tandis que l'ensemble des cas dans lesquels on n'a constaté aucune hypertrophie de ce genre a donné une moyenne de 22. L'hypertrophie est alors très vraisemblablement une conséquence de la sclérose artérielle. Quant à ceux, chez lesquels un certain degré d'hypertrophie accompagnait quelque lésion du cœur constatable, ils n'ont donné qu'une moyenne de 21.

Les hauts chiffres indiqués par le sphygmomanomètre

dans cette période avancée de l'existence paraissent
donc bien se rapporter surtout à la résistance exagérée

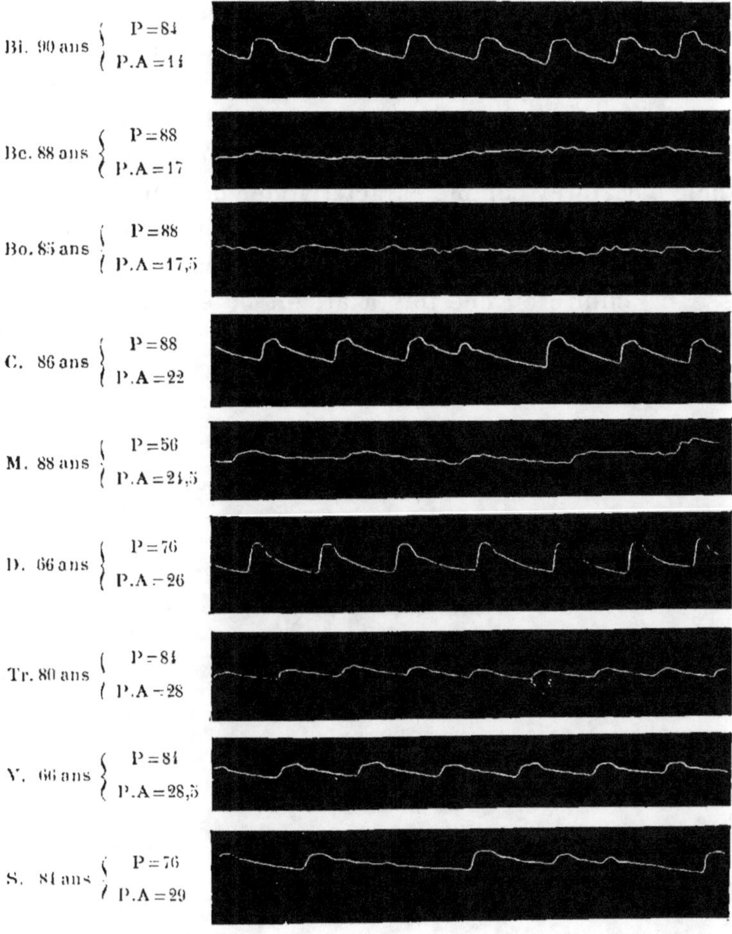

Fig. 19. — Sphygmogrammes recueillis sur des vieillards de l'hospice de Bicêtre.
P = Pouls. — P.A = Pression artérielle.

des parois artérielles et secondairement à l'hypertrophie
du cœur qui en est la conséquence.

Les sphygmogrammes joints ici (fig. 19) ont été recueillis chez quelques-uns de ces vieillards, en même temps qu'on mesurait la pression de la radiale. Il serait impossible d'y trouver un indice des différences très considérables de pression constatées chez ces différents sujets à l'aide du sphygmomanomètre. Mais on reconnaît sur la plupart, de la façon la plus nette, le plateau signalé par Marey comme caractéristique de l'athérome.

En résumé, passé 80 ans, la pression constatée a été en moyenne de 24. Dans un sixième des cas elle a dépassé ce chiffre et une fois a atteint 30 sans maladie apparente.

III

RÉSUMÉ
DES FAITS RELATIFS A LA PRESSION NORMALE

On peut résumer de la façon suivante tout ce qui vient d'être exposé relativement à la pression artérielle chez l'homme à l'état normal.

Le sang est dans les différentes parties du système artériel soumis à des pressions très inégales et sans rapport nécessaire entre elles, bien qu'elles soient dans une certaine mesure subordonnées les unes aux autres.

On peut mesurer cette pression chez l'homme dans trois artères : la radiale, la temporale et la pédieuse. C'est dans la radiale qu'on la recherche surtout. C'est de la pression dans la radiale qu'il s'agit toujours, quand on ne spécifie rien à cet égard.

La pression dans les artères est incessamment oscillante. L'amplitude de ces oscillations dans la radiale est, d'après les mesures que j'en ai pu prendre, en moyenne de 9,5 ; elle a d'ailleurs une grande inégalité et peut aller de 4 à 16 centimètres.

On ne peut d'ordinaire mesurer directement à l'aide du sphygmomanomètre que la pression maxima de chacune des pulsations. C'est par conséquent cette pression maxima qu'on désigne habituellement sous le nom de pression artérielle; bien qu'elle ne corresponde qu'à un instant limité de chacune des pulsations. La pression moyenne, celle qui en réalité opère et règle la propulsion du sang est avec la pression maxima dans un rapport qui varie entre la moitié et les $\frac{4}{5}$. Elle en est en moyenne les $\frac{3}{5}$. La pression maxima de la radiale a une valeur extrêmement inégale suivant l'âge, le sexe, les conditions individuelles et les influences multiples qui la peuvent faire varier.

L'âge est la raison principale de ces inégalités. Bien qu'on ne possède de données statistiques suffisantes que pour des séries déterminées on peut établir que les variations suivant l'âge se comportent à peu près de la façon suivante à ne considérer que les moyennes.

Ages :

Ages.	6	10	15	20	25	30	40	50	60	80
Pr. art. moy.	8,9	13,5 .	15	17	18	19	20	21	22	

Les pressions constatées à la radiale dans l'état de santé oscillent autour de ces moyennes et s'en écartent quelquefois de 2 ou 3 centimètres au-dessus ou au-dessous, sans qu'on puisse tenir cet écart pour assurément pathologique, ni comme indiquant nécessairement une imminence morbide; sauf dans les circonstances qui seront indiquées plus loin.

Les moyennes pour le sexe féminin paraissent être inférieures de 1 centimètre à celles du sexe masculin.

Une pression relativement inférieure à la moyenne n'est point une preuve de faiblesse et se rencontre chez des gens très vigoureux.

La position du corps et des membres a une influence très notable sur la pression de la radiale. Les changements de niveau de l'avant-bras en ont une telle qu'une élévation ou un abaissement de 10 centimètres fait varier les indications données par le sphygmomanomètre d'environ 7^{mill}. Il importe par conséquent de pratiquer cette exploration dans une situation toujours identique. La hauteur même du siège sur lequel le malade est assis pendant l'examen n'est pas sans importance et peut en modifier assez notablement les résultats, pour qu'il y ait lieu d'en tenir compte.

La température ambiante, la pression atmosphérique, l'heure plus ou moins avancée de la journée, l'alimentation, le mouvement, l'activité musculaire et même l'activité cérébrale ont sur la pression artérielle une influence manifeste, mais très variable, non seulement dans son intensité, mais relativement même au sens dans lequel elle agit. C'est-à-dire qu'une impression déterminée peut tantôt élever la pression, tantôt l'abaisser, tantôt la laisser sans modification aucune. Cela paraît tenir sans doute à ce que la pression artérielle représente une sorte d'équilibre instable, réglé à la fois par l'énergie du cœur, par le degré de résistance des réseaux périphériques et l'état de l'artère elle-même; et que l'action des causes perturbatrices peut introduire dans chacun de ces éléments des modifications diverses dont les conséquences tantôt s'ajoutent et tantôt se compensent.

Néanmoins quand ces causes perturbatrices interviennent dans des conditions tout à fait identiques, les conséquences sont toujours semblables. Il n'y a donc dans les variations de la pression artérielle absolument rien de fortuit et d'arbitraire, mais elles se rattachent à un mécanisme compliqué et d'une analyse délicate.

Malgré les différences très grandes que la pression artérielle peut présenter d'un individu à l'autre et quoiqu'elle soit susceptible de très notables inégalités chez un même sujet, elle a cependant chez chacun en particulier une fixité remarquable. Toutes les fois qu'un sujet est pris dans des conditions identiques, on retrouve chez lui dans la radiale une même pression. Et cela n'est point particulier à l'homme. On a pu le vérifier chez les animaux par des mensurations directes et précises ; bien qu'il y ait à cela d'assez grandes difficultés.

Le physiologiste Pavlov était parvenu à dresser un chien de telle façon qu'il pouvait appliquer un mano-mètre à son artère sans le soumettre à aucune violence. Cinq fois dans l'espace de trois semaines il put renou-veler l'opération et trouva les chiffres suivants : 128, 131, 128, 129, 131 ; chiffres d'une constance grande puisque les différences ne dépassent pas trois millimètres de mercure.

Ce fait est capital au point de vue de la valeur que peut avoir en clinique l'observation de la pression artérielle. Il est manifeste que son chiffre absolu n'en a que fort peu, à moins qu'il ne s'éloigne de la moyenne au delà des limites appartenant à l'état normal. Mais ses varia-tions sont le témoignage certain de quelque modi-fication survenue dans l'organisme ou de quelque influence extérieure subie. Il reste à discerner les causes de ces perturbations et à préciser les indications que la pratique peut demander au sphygmomanomètre. C'est ce que je vais tâcher d'exposer d'après les très nom-breuses observations que j'ai pu recueillir à Necker et à la Charité depuis l'année 1883.

LA

PRESSION ARTÉRIELLE A L'ÉTAT PATHOLOGIQUE

I

INFLUENCE DES MALADIES
SUR LA PRESSION ARTÉRIELLE

Le nombre des observations qui ont été utilisées pour cette étude est de 680. La pression artérielle y a été notée 1550 fois. Cela ne suffit assurément pas pour décider toutes les questions qui se rapportent aux variations de la pression dans l'état pathologique, mais cela permet d'indiquer du moins dans quel sens et de quelle façon elle est modifiée par les maladies; quelle signification et quelle importance on peut accorder à ces modifications; quelles sortes d'indications pratiques on y peut trouver, au point de vue du diagnostic, du pronostic et du traitement.

Quoique la pression artérielle soit dans l'état physiologique susceptible, ainsi qu'on l'a vu, de très grandes inégalités, celles qui résultent de l'état pathologique

sont bien plus considérables encore. J'ai exceptionnellement rencontré des cas dans lesquels la pulsation artérielle était effacée par une pression de 5^{cm}, d'autres
dans lesquels il fallait jusqu'à 35^{cm}. C'est donc un écart
énorme de 30 centimètres que la maladie peut produire.
Dans l'immense majorité des cas la pression s'écarte
infiniment moins de l'état normal. On en peut juger par
le tableau suivant (fig. 20) dans lequel est indiquée la
fréquence relative des différents degrés de pression
constatés dans 443 observations. On y voit que les
pressions le plus fréquemment relevées chez les femmes
dans l'état pathologique sont celles de 14 à 16 et chez
les hommes de 11 à 17 ; pressions qui sont d'ailleurs
dans les limites des pressions observées à l'état normal. On y peut noter aussi que les pressions basses
de 10 à 13 ont été relativement bien plus souvent
observées chez les hommes ; ce qui tient surtout à ce
que nous avons eu à soigner un nombre beaucoup plus
grand d'hommes atteints de fièvre typhoïde, et que cette
maladie est de celles qui dépriment le plus la pression
artérielle.

En parcourant ce tableau on ne manquera pas d'y
remarquer une inégalité constante et au premier abord
bien étrange entre la fréquence des pressions exprimées
par des nombres entiers et celle des pressions représen-
tées par des fractions. Cette inégalité résulte manifestement de l'influence que les statisticiens appellent
l'attraction des nombres ronds. L'exploration du pouls à
l'aide du sphygmomanomètre est une opération délicate,
qui comporte souvent un peu d'hésitation ; sans compter
les légères oscillations physiologiques indiquées plus
haut. Pour peu qu'il y ait d'indécision dans le chiffre à

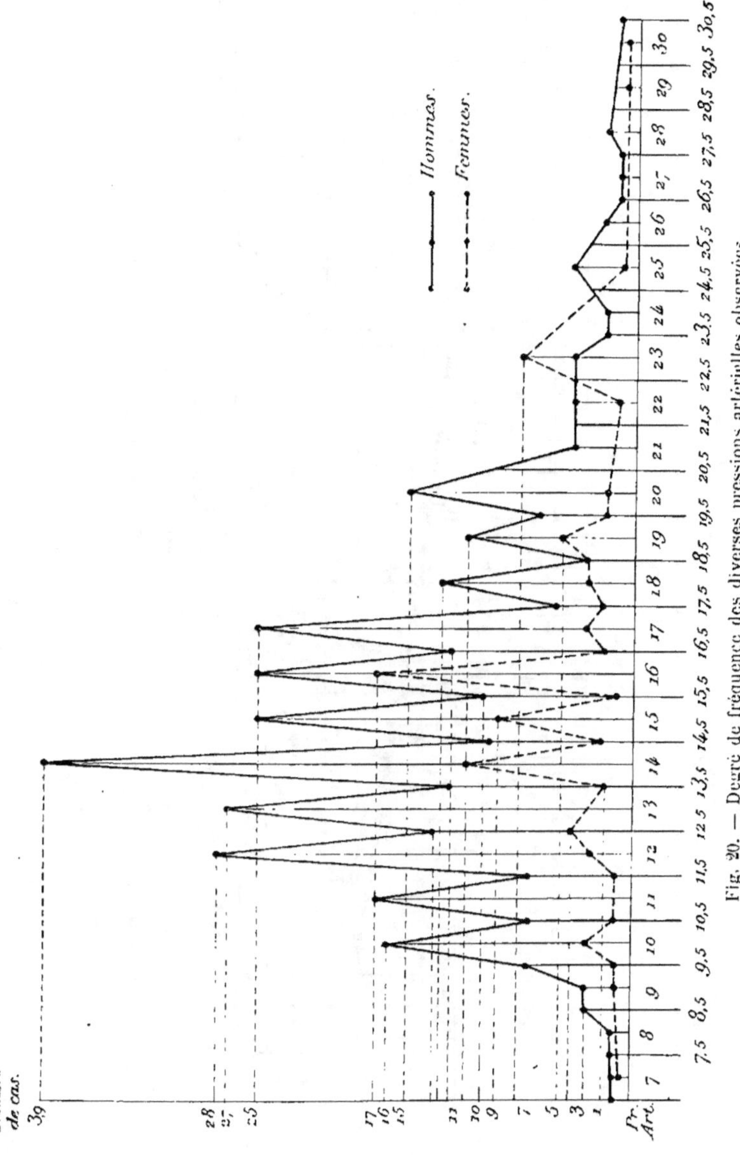

Fig. 20. — Degré de fréquence des diverses pressions artérielles observées.

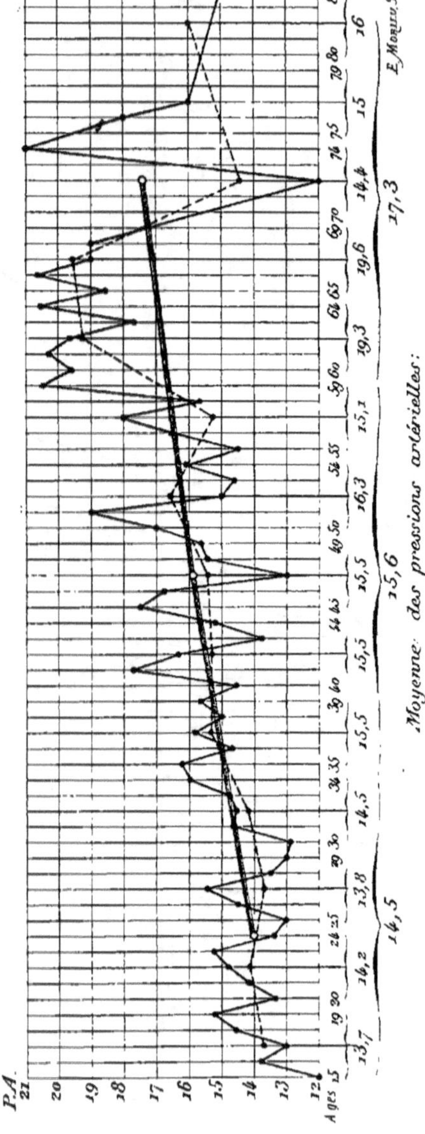

Fig. 21. — Influence de l'âge sur la pression artérielle dans l'état de maladie. Relevé de 429 observations.

noter, c'est au chiffre entier le plus voisin que l'espri
naturellement se rattache.

L'influence de l'âge se fait sentir dans l'état pathologique, comme à l'état normal (fig. 21). Cela est rendu
très évident par le tracé qui précède et où, à travers
les oscillations accidentelles, on voit les moyennes des
pressions observées, soit qu'on les considère par
années, par lustres ou par périodes de 25 années,

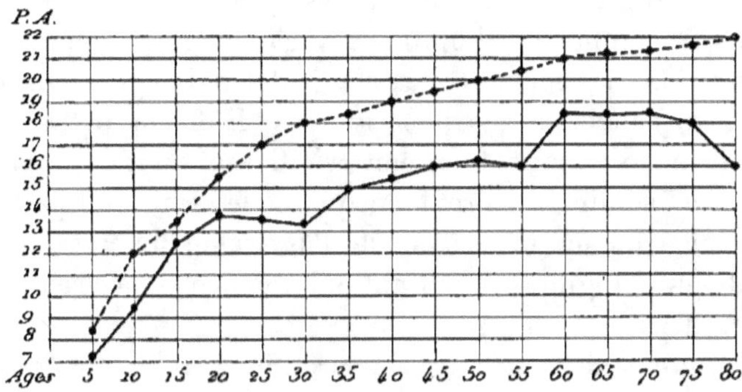

Fig. 22. — Tableau comparatif des pressions artérielles selon les âges,
à l'état normal et à l'état pathologique.

s'élever progressivement à mesure que l'âge du malade
s'accroît.

Enfin, si l'on veut comparer l'influence de l'âge sur
la pression artérielle dans l'état de maladie avec ce
qu'elle est à l'état normal, on le pourra sur le graphique
précédent (fig. 22). On y voit d'abord que la moyenne des
pressions observée chez les malades, à quelque âge que
ce soit, est inférieure à la moyenne de l'état normal et
que, en un mot, la maladie a pour effet le plus général
d'abaisser la pression ; ensuite que l'influence de l'âge

se fait toujours sentir à travers tous les états pathologiques et que chez les malades comme chez les bien
portants il en faut toujours tenir compte, pour apprécier
la valeur d'un certain degré de pression. On remarque
toutefois deux périodes où chez les malades la pression fléchit et cesse de suivre l'accroissement physiologique ; la première entre 20 et 30 ans, la seconde
de 50 à 55. C'est que dans la première se présente
le plus grand nombre de fièvres typhoïdes que nous
avons à soigner à l'hôpital et beaucoup de tubercu-
loses ; dans la seconde beaucoup de maladies cachectisantes, cancers, gastrites, ulcères. Enfin la pression
fléchit encore dans l'extrême vieillesse du fait de la
cachexie sénile ; encore bien que celle-ci ne soit point
une conséquence nécessaire de l'âge, mais un état vraiment pathologique résultant d'influences successives
multipliées.

La moyenne de toutes les pressions relevées dans
l'état pathologique s'est trouvée 15,6. Cette moyenne
est atteinte vers l'âge de 47 ans, c'est-à-dire dans les
cinq années qui s'étendent de 45 à 49 ans. Elle est aussi
la moyenne des 25 années qui s'étendent de 35 à 59,
c'est-à-dire de la période qui a pour milieu l'âge de
47 ans. Enfin les pressions se répartissent si également aux extrêmes des périodes observées que la somme
des observations quoique avec des chiffres très inégaux
a donné également la moyenne 15,6.

Au point de vue de la pression artérielle, la vie pathologique (au moins celle que nous avons pu observer,
puisque nous n'avons pas eu à soigner de jeunes enfants),
peut se partager en trois périodes : la période des pressions faibles de 15 à 34 ans ; la période des pressions

moyennes de 55 à 59 et celle des pressions fortes comprenant le reste de l'existence (fig. 22).

Les maladies les plus communes et pour lesquelles il a été possible de recueillir un assez grand nombre d'observations relatives à la pression artérielle ont donné les moyennes suivantes :

Tuberculisation pulmonaire 12
Fièvre typhoïde 13
Rhumatisme articulaire aigu. 14
Pneumonie. 15
Maladies organiques du cœur 15
Pleurésie. 16
Rhumatisme chronique 17
Néphrite catarrhale 18
Aortite. 19
Néphrite interstitielle 21
Diabète 22

Bien entendu les pressions constatées dans chaque cas en particulier se sont souvent beaucoup écartées des moyennes indiquées ici. Cette liste n'a d'intérêt qu'en ce sens qu'elle marque le degré d'influence que chacune de ces maladies exerce en général sur la pression du sang dans les artères et le sens de cette influence. Il est assurément remarquable de voir les maladies se catégoriser d'une façon si précise relativement à leur influence sur cette pression et cela montre déjà qu'il ne s'agit assurément pas d'une répartition fortuite.

Il est bien vrai que les différentes maladies, dont il s'agit ici, prédominent à des âges différents et, comme la pression change très notablement avec l'âge, ainsi qu'on vient de le voir, on pourrait se demander si la raison des inégalités ne se trouve pas principalement ou exclusivement dans la différence des âges des malades qui ont servi à établir ces statistiques. Pour en juger j'ai formé pour les principales de ces maladies des groupes d'âges différents et je n'ai trouvé entre ces différents groupes que des différences insignifiantes. Ainsi j'ai fait, pour la tuberculose pulmonaire, la fièvre typhoïde, le rhumatisme articulaire aigu et la pneumonie, deux groupes contenant l'un, les sujets ayant de 15 à 50 ans l'autre les sujets de 50 à 80. Le résultat a été celui-ci :

	De 15 à 50 ans.	De 50 à 80 ans.
Tuberculose au 1er degré . .	13,80	13,50
— au 2e degré . .	12,57	12,20
— au 3e degré . .	11,75	11,90
Fièvre typhoïde.	13,18	13
Rhumatisme articulaire aigu.	13,90	13,70
Pneumonie	14,50	14,50

On voit que devant ces affections graves, l'influence de l'âge s'efface complètement et qu'il ne reste que celle de la maladie même, aggravée, semble-t-il par le fait de l'avancement en âge; puisque la moyenne s'écarte davantage de l'état physiologique. Il n'en est évidemment pas ainsi pour toutes les maladies; puisque nous avons vu l'influence de l'âge se montrer d'une façon si positive dans la statistique générale.

Si on considère, au point de vue de la pression, l'ensemble des maladies on les peut répartir en cinq catégories distinctes, suivant qu'elles s'accompagnent de pression basse ou très basse, de pression moyenne, de pression forte ou très forte. Elles se trouvent groupées de cette façon dans le tableau suivant :

PRESSION TRÈS BASSE 7 à 11	PRESSION BASSE 12 à 14	PRESSION MOYENNE 15 à 17	PRESSION FORTE 18 à 21	PRESSION TRÈS FORTE 21 à 51
Cancer de l'estomac, du foie, etc. Gastrite chronique. Dysenterie chronique. Diarrhée choléri-forme. Maladie d'Addison. Purpura hémorragique.	Tuberculisation pulmonaire. Fièvre typhoïde. Rhumatisme articulaire aigu.	Pneumonie. Bronchite. Pleurésie. Colite chronique. Néphrite catarrhale. Rhumatisme chronique. Intox. saturnine. » mercurielle. » alcoolique. Chlorose. Hystérie. Insuffisance mitrale. Rétrécissement mitral.	Sclérose artérielle. Artérite rhumatismale. Aortite. Insuffisance aortique. Hypertrophie du cœur. Néphrite mixte. Colique saturnine.	Néphrite interstitielle. Diabète.

On voit que la catégorie des maladies à pression très basse comprend surtout les maladies cachectisantes; celle des maladies à pression basse, trois affections surtout : la tuberculose, le rhumatisme articulaire aigu et la fièvre typhoïde; celle des maladies à pression moyenne : les maladies inflammatoires franches, la plupart des maladies organiques du cœur, les intoxications, la chlorose, l'hystérie; celle des maladies à pression forte : la sclérose des artères, l'hypertrophie simple du cœur, les néphrites mixtes; enfin la catégorie des pressions très fortes, deux maladies où l'excès de pression est souvent si prononcé qu'il devient tout à fait caractéristique : la néphrite interstitielle et le diabète.

Voyons maintenant ce qui concerne chacun de ces groupes.

A. — MALADIES A PRESSION TRÈS BASSE

Quand une maladie est arrivée à cette période où la cachexie déprime à l'excès la pression artérielle, où des pertes de sang réitérées, des évacuations incessantes ont amené un degré d'affaiblissement considérable, l'affection est ordinairement si caractérisée que l'évaluation de la pression sanguine n'a plus rien à ajouter aux signes diagnostiques et pronostiques constatés. D'autre part, la dépression de celle-ci, n'étant que la conséquence de l'état cachectique lui-même, ne se manifeste point au début de l'évolution du mal et dans la période où les symptômes peuvent être douteux. Elle n'est donc, en réalité, d'aucun secours notable dans la pratique.

Il en est tout autrement pour le groupe qui suit.

B. — **MALADIES A PRESSION BASSE**

Tuberculose pulmonaire. — La tuberculisation pulmonaire est celle des maladies du second groupe, c'est-à-dire des maladies à pression basse, qui abaisse le plus la tension artérielle. La moyenne de tous les cas observés depuis l'année 1885 a donné le chiffre 12,4. Suivant les différents degrés de l'affection nous avons trouvé :

Au 1er degré.	13,57
Au 2e degré.	12
Au 3e degré.	11,5

L'influence s'en fait donc sentir de plus en plus à mesure que la lésion s'accentue davantage. Mais elle existe et se fait déjà connaître dès la première période de la maladie. Si bien qu'il n'y a guère de tuberculeux, si près soit-il du début de son affection, dont la pression ne soit déjà très notablement abaissée; assez notablement même pour que cela puisse en certains cas contribuer très utilement au diagnostic et devenir absolument caractéristique.

Toutefois, certaines complications susceptibles par elles-mêmes d'élever la pression peuvent compenser, dans une certaine mesure, l'influence de la tuberculose. Ainsi, un tuberculeux atteint de pleurésie avec fièvre présentait une pression de 18. Un autre, affecté d'albuminurie avec hypertrophie du cœur, avait une pression de 18,5. Un troisième, âgé de soixante-deux ans, chez lequel existaient les mêmes complications et un pneumothorax partiel, avait 20. Un homme de cinquante-trois ans, diabétique, tuberculeux et albuminurique, avec hypertrophie du cœur et bruit de galop, avait une pression de 25[1].

Enfin, la tuberculisation aiguë granuleuse peut s'accompagner d'une pression élevée pendant toute sa durée, surtout quand le rein participe au processus scléreux d'origine tuberculeuse. Un malade de trente-sept ans, atteint de tuberculisation granuleuse aiguë, eut, tout le temps de sa maladie, une pression de 20 et à l'autopsie nous trouvâmes, outre une granulie très confluente, un petit rein contracté.

L'âge des malades paraît ne modifier en rien l'influence de la tuberculose, qui se manifeste également chez les jeunes sujets et chez les vieillards. En effet, l'âge moyen des tuberculeux observés dans le service a été trente-sept ans. Or, en groupant d'une part tous les sujets âgés de moins de trente-sept ans et, de l'autre, tous ceux d'un âge plus avancé; la moyenne pour le premier groupe s'est trouvée 12,72 et celle du second 12. L'influence de l'âge qui tend à élever la pression a donc été absolument annihilée par celle de la maladie qui tend à l'abaisser. Et, qui plus est, les plus âgés parmi ces malades ont été ceux dont la pression s'est abaissée davantage. Il est vrai que chez ceux-là se trouvaient en plus grand nombre les formes très chroniques où l'influence sur la pression sanguine s'accentue à un

---

1. Dans 7 observations de tuberculeux diabétiques et surtout brightiques retrouvées parmi les notes relatives à des malades observés en ville par le professeur Potain, les constatations ont été les suivantes, confirmatives de l'élévation de la pression artérielle en pareil cas.

> La pression maxima a été 27
> — minima 15,5
> — moyenne . . . . 19 (P.-J. T).

plus haut degré. On arrive au même résultat si on groupe d'une part tous les sujets ayant une pression inférieure à 12 et, de l'autre, tous ceux ayant une pression supérieure. L'âge moyen pour le premier groupe se trouve être 56, pour le second 52,8. Les tuberculeux qui ont la pression la plus faible sont les plus âgés.

La pression artérielle est donc bien remarquablement abaissée dans la tuberculose pulmonaire. Elle l'est en outre ordinairement dès la période initiale, c'est-à-dire à une époque de la maladie où trop souvent les signes sont encore douteux. Ce fait prend, au point de vue du diagnostic, une grande importance. D'autant plus que les maladies avec lesquelles la tuberculose se peut le plus aisément confondre à cette période ne présentent en aucune façon un abaissement de pression comparable. On verra que la chlorose, par exemple, donne le plus souvent une pression de 16 et que sa moyenne se tient à 15,6.

Il va sans dire que le chiffre de la pression est d'autant plus caractéristique qu'il est plus abaissé, c'est-à-dire qu'il descend davantage au-dessous de 12. Or, c'est ce qui a lieu chez les tuberculeux dans plus de la moitié des cas.

On peut donc établir comme règle générale que, tout sujet d'âge moyen chez lequel, sans maladie aiguë ni raison apparente de cachexie ou d'épuisement nerveux, la pression de la radiale est inférieure à 14, doit être considéré comme suspect de tuberculose.

La pression basse est un fait si constant chez les tuberculeux que, cette maladie étant d'ailleurs constatée par ses signes habituels, si l'on rencontre une pression dépassant celle qui y est ordinairement, il faut présumer quelque complication, notamment du côté du rein, ou quelque inflammation intercurrente[1].

D'autre part, quand chez un sujet ayant présenté des signes de tuberculose et chez lequel on constate encore ceux d'une induration du sommet, on trouve cependant une pression normale sans aucune des circonstances qui la peuvent accidentellement relever, il y a lieu de penser que le processus tuberculeux a cessé d'être actif et que l'induration constatée appartient au processus scléreux curateur. L'élévation progressive de la pression devient ainsi un élément de pronostic très favorable[2].

Fièvre typhoïde. — La fièvre typhoïde est, de toutes les maladies aiguës, celle qui abaisse le plus la pression artérielle. La moyenne des pressions relevées sur 116 malades atteints de cette affection a été 12,95. Comme la moyenne des âges chez ces malades a été vingt-neuf ans et que, à cet âge, la moyenne à l'état

1. Le terrain arthritique, à en juger par les observations prises sur des malades de la ville et atteints de tuberculose à évolution lente, paraît également s'opposer à l'abaissement habituel de la pression artérielle. Dans un ensemble de faits de ce genre, les constatations ont donné :

pour la pression maxima. . .	18
— — minima . . .	17
— — moyenne . .	17,55

autrement dit une pression artérielle sensiblement normale (P.-J. T.).

2. J'ai pu trouver la confirmation de cette valeur pronostique favorable de l'élévation de la pression artérielle dans la tuberculose dans une série d'observations recueillies par M. Potain sur des malades de sa pratique privée. A plusieurs reprises, se trouve notée une élévation de pression progressivement parallèle à l'amélioration de la tuberculose. Sur un malade il trouve une élévation en un mois de 11 à 17, sur un autre de 13 à 15, 16, 17, 17,5, etc. La pression moyenne en cas de tuberculose enrayée, à en juger par les faits, répondrait à 16,59 (P.-J. T.).

normal paraît être 17,5, on voit que la conséquence générale de cette maladie a été un abaissement de 4,5, c'est-à-dire environ un quart de la pression sanguine normale à cet âge.

Le chiffre 13 est non seulement celui de la moyenne des pressions relevées, mais aussi celui le plus souvent constaté. Sur 100 notations on a trouvé 52 fois le chiffre 13, 13 fois un chiffre inférieur, 35 fois un chiffre supérieur. Les chiffres le plus habituellement constatés sont ceux voisins de 13, à savoir : 10, 11 et 12; puis le chiffre 14. Quant aux chiffres supérieurs ou inférieurs à ceux-là ils deviennent de plus en plus rares à mesure qu'ils s'en éloignent. Le plus bas qui ait été rencontré est celui de 5,5, ce qui a été noté au 45e jour d'une fièvre typhoïde ayant présenté quatre réitérations successives. Le plus élevé a été 18,5.

Dans le plus grand nombre des cas, l'abaissement de la pression est manifeste au début même de la maladie. Du moins, on l'a constaté presque toujours le jour même de l'entrée du malade à l'hôpital. Quelquefois, il est vrai, lors de la première constatation qui avait lieu le lendemain de l'entrée du malade, on a trouvé un chiffre relativement fort (18,5, 17, 16, 15, 14). Mais dès le jour suivant la pression avait repris le niveau auquel elle devait se tenir dans la suite. Il est probable que cette élévation passagère n'appartient, en aucune façon, à l'évolution de la maladie, car nous l'avons trouvée, au moment de l'entrée à l'hôpital, chez des sujets arrivés à des époques très différentes de leur affection, depuis le 5e jusqu'au 17e jour. Il y a lieu de croire qu'elle dépend en ce cas, comme l'élévation précoce de température qui le plus souvent l'accompagne, des agitations du jour précédent et de l'impression causée par l'entrée à l'hôpital ou par la visite du médecin.

A partir de ce moment la pression restait toujours basse, subissant néanmoins des oscillations la plupart du temps irrégulières et sans rapport constant, ni avec la température, ni avec la fréquence du pouls. Il en résultait des écarts pouvant aller jusqu'à 3 et une fois 7 centimètres.

A l'époque où la défervescence s'accomplissait, la pression éprouvait quelquefois une chute subite. Après quoi et pendant la convalescence elle remontait très lentement vers le taux normal. Elle y était très rarement arrivée, lorsque les malades quittaient l'hôpital. Parfois, l'abaissement persistait fort longtemps; surtout si la maladie avait été elle-même de longue durée et, notamment, exceptionnellement prolongée par des réitérations successives. Chez un homme de vingt-six ans elle était encore à 10 au 44ᵉ jour de la maladie. Chez un autre, qui avait été épuisé par les vomissements et la diarrhée, elle était de 9 à une époque avancée de la convalescence. Chez un troisième, qui avait eu des hémorragies intestinales répétées, la pression restait à 10 le 32ᵉ jour de la maladie. Chez ce dernier, les hémorragies quoique abondantes n'avaient, sur le moment même, déterminé aucune dépression notable de la pression artérielle ou du moins ne l'avaient diminuée passagèrement que de 1 centimètre environ, pour la laisser remonter immédiatement après. Quelques jours plus tard seulement la pression, rapidement, fléchissait, en même temps que le pouls montait à 120 sans qu'il y eût élévation de la température.

Une pneumonie compliquant la fièvre typhoïde a tou-

jours amené une notable élévation de la pression artérielle et, d'une façon générale, tous les cas où les manifestations broncho-pulmonaires furent prédominantes
donnèrent une moyenne de pression supérieure à celle
des cas où la maladie restait purement abdominale.

Au moment de la convalescence, une alimentation un
peu trop abondante suffit à produire une très notable
élévation de la pression. Dans un cas de ce genre elle
monta en un jour de 10 à 16.

Le chiffre de la pression artérielle ne paraît avoir
aucun rapport avec le degré de gravité de la maladie.
Sur les 116 typhiques étudiés à ce point de vue, 14 ont
succombé. Or, le chiffre moyen des pressions observées
chez ces malades a été 15,5, c'est-à-dire à peu près
identique à celui qu'on a relevé chez les malades qui
guérirent, et même un peu plus élevé; ce qui tient sans
doute à ce que la plupart furent emportés par des complications inflammatoires. Sur ces 14 malades, 1 est
mort de perforation avec une pression de 15,5, 2 de
broncho-pneumonie avec 15 et 15,5. Un garçon de treize
ans est mort avec une parotidite au 9ᵉ jour de la maladie. Celui-là n'avait qu'une pression de 9,5. Trois ont
succombé avec une forme adynamique aux 20ᵉ, 25ᵉ,
29ᵉ jours; la pression était de 15 à 15,5. Un seul a eu
la forme ataxique. Chez celui-là, dont la température
ne dépassait pas + 38°,9, la pression oscillait entre
15 et 16. Mais le pouls était monté à 144.

On peut donc dire que dans la fièvre typhoïde le
degré de la pression, au point de vue du pronostic, a
dans la majorité des cas, moins de valeur que la fréquence du pouls; que cependant une pression qui
s'abaisse avec excès et rapidement est alarmante et que,

de même que chez les tuberculeux, une pression relativement haute suppose presque toujours quelque cause
accidentelle d'excitation ou quelque complication inflam-
matoire.

Rhumatisme articulaire aigu et chronique. — La pression a été notée chez 24 malades atteints de rhumatisme articulaire aigu. La moyenne des chiffres constatés a été 14; le chiffre le plus souvent relevé 15; le
minimum 9; le maximum 17. L'âge moyen de ces
malades étant de vingt-sept ans aurait supposé à l'état
normal une pression de 17. La moyenne observée dans
le rhumatisme articulaire aigu a donc été inférieure de
5 centimètres à la normale. Et cet abaissement a été un
fait à peu près constant; car le chiffre 17 est le plus
fort qui ait été noté. Ainsi le rhumatisme abaisse la
pression artérielle aussi constamment que la fièvre
typhoïde, mais à un degré un peu moindre.

Chez 11 des 24 rhumatisants on a constaté à une
certaine époque de la maladie, l'altération des bruits,
caractéristique d'une endocardite valvulaire naissante.
Chez aucun d'eux cette altération n'a été persistante;
elle a passé successivement, comme de coutume, par les
formes de bruit voilé, puis éteint, puis éteint et dur, puis
simplement dur, et enfin, s'est terminée par le retour à
l'état normal. L'endocardite ainsi caractérisée ne s'est
accompagnée ni d'accélération plus grande du pouls, ni
d'élévation spéciale de la température; car la moyenne
des températures relevées chez les sujets exempts de
cette complication étant 38°,6, celle des températures
relevées chez les sujets qui en étaient atteints a été 58°;
de même, la moyenne du pouls étant 84 chez les pre-

miers, était 81 chez les seconds. La moyenne des pressions artérielles, au contraire, a été plus élevée: 15,3 chez les premiers, 14,5 chez les sujets qui présentaient les signes en question.

Or, ces signes se rapportaient bien à l'existence d'une endocardite valvulaire. On en eut la preuve anatomique chez une jeune femme de vingt-trois ans entrée dans le service en 1885, chez laquelle les signes précédemment indiqués avaient été constatés au niveau de l'orifice aortique, qui succomba à des complications pulmonaires, et chez laquelle on trouva à l'autopsie les sigmoïdes de l'aorte épaissies, boursoufflées et rougeâtres.

Il paraît donc que cette endocardite valvulaire, bien que dans le cours du rhumatisme articulaire aigu elle n'ajoute rien au mouvement fébrile, provoque cependant un certain degré d'excitation cardiaque; d'où résulte une augmentation de la pression artérielle et à l'occasion certains souffles ayant les caractères des souffles cardio-pulmonaires.

Par opposition au rhumatisme articulaire aigu, le rhumatisme articulaire subaigu ou chronique, le rhumatisme musculaire et les autres formes des affections dites rhumatismales chroniques dépriment, en général, très peu ou point la pression artérielle, en sorte que la moyenne donnée par cette série d'affections a été 16,7. Chez deux malades atteints, l'un de rhumatisme chronique avec sclérodactylie, l'autre de douleurs rhumatoïdes des jointures, la pression était 20. Ces deux sujets, il est vrai, étaient l'un et l'autre âgés de cinquante-neuf ans et vraisemblablement artérioscléreux.

C. — **MALADIES A PRESSION MOYENNE**

Pneumonie. — La pneumonie ouvre la série des maladies où la pression est moyennement abaissée. Dans 33 cas de pneumonie, la pression a donné des chiffres extrêmement différents les uns des autres, depuis 6 jusqu'à 22; mais la moyenne est 15. Les chiffres de pression le plus souvent constatés ont été 15 (12 pour 100), 16 (11 pour 100), puis 14, 17 et 18 (7 pour 100). La pression se tient donc dans la moitié des cas autour de 15. Les autres chiffres se trouvaient éparpillés entre 6 et 13 d'une part, entre 19 et 22 de l'autre. La moyenne de tous ces chiffres s'est trouvé 15. On peut donc tenir ce chiffre pour celui de la pneumonie; sans qu'il ait, bien entendu, rien de caractéristique puisque, d'une part, on peut trouver ce chiffre avec beaucoup d'autres maladies et que, de l'autre, la pneumonie se trouve 88 fois sur 100 avec des chiffres différents.

Pleurésie. — La moyenne des pressions constatées dans la pleurésie a été 15,8, c'est-à-dire à peu près 16. Cette affection étant le plus souvent secondaire, la pression qu'on y observe dépend beaucoup de l'affection primitive. Quand la pleurésie survient chez un brightique la pression reste haute malgré la pleurésie. On le vit chez un homme de cinquante-sept ans, chez lequel avec une pleurésie double et un épanchement assez considérable à droite, existaient les indices d'une néphrite interstitielle avec bruit de galop très accentué et hypertrophie du cœur sans lésion d'orifice. La pression oscilla pendant toute la durée de la maladie entre 18,5 et 23.

De même, quand la pleurésie survient dans le cours de la tuberculose, ce qui répond à la majorité des cas, la pression n'est plus que de 11, 13, 14, 15. Ce caractère, malheureusement, peut faire défaut dans les cas où la pleurésie est une manifestation initiale et très précoce de l'infection tuberculeuse. En 1892, nous eûmes à soigner dans le service un homme atteint de pleurésie aiguë avec un épanchement qui remontait jusqu'à l'angle inférieur de l'omoplate. La pression à la radiale était de 16. Cet homme guérit. Six mois après, il rentrait pour une méningite tuberculeuse à laquelle il succombait le 17° jour. La pression, cette fois, oscillait autour de 15. Il n'est pas douteux, avec ce que nous savons aujourd'hui des origines habituelles de la pleurésie, que dans ce cas elle était déjà un indice de l'infection tuberculeuse destinée à évoluer plus tard sous une autre forme. Cependant, à cette époque, la nature tuberculeuse de la maladie ne s'était pas manifestée encore par l'abaissement de pression qui survint dans la suite.

Quand il se produit un épanchement dans la plèvre la pression artérielle n'est que peu ou point modifiée par la présence du liquide; à moins que l'épanchement ne soit très considérable. Ainsi chez une femme de 50 ans qui présentait un épanchement abondant, la pression était de 16. Chez une autre âgée de 20 ans, tandis que le niveau du liquide ne cessait pas de s'élever, la pression montait de 15 à 16,5, chiffre où elle arrivait la veille du jour où on dut pratiquer la thoracentèse. La pression peut d'ailleurs à la suite de cette opération ne subir aucun changement notable. Parfois même on la voit descendre.

Elle n'est très abaissée dans la pleurésie que lorsque cette affection se rattache à quelque maladie générale infectieuse grave; ou lorsque l'épanchement atteint une abondance telle qu'il en résulte une entrave sérieuse aux fonctions du cœur, par suite sans doute de la compression qu'il exerce sur les oreillettes et de l'obstacle qu'il apporte en conséquence à la pénétration du sang dans les cavités. Ce peut devenir alors un élément très important de pronostic et d'indication thérapeutique. Par exemple, si dans un cas où l'abondance du liquide est difficile à apprécier, on voit la pression artérielle baisser rapidement, il est certain que la thoracentèse devient urgente.

Je n'ai point de données suffisantes relativement à ce qui advient de la pression artérielle au cours de la pleurésie purulente; chez un garçon de 18 ans qui en fut atteint, la pression demeura au voisinage de 12 pendant toute l'évolution de la maladie.

Embarras gastrique fébrile. — Dans 10 observations de cette maladie, j'ai eu à inscrire les chiffres de pression les plus dissemblables, depuis 9 jusqu'à 19. Le chiffre le plus souvent noté a été 18; la moyenne 15,6. Bien que nous ayons de plus en plus motif de penser que la maladie désignée sous ce nom n'est le plus souvent qu'une forme atténuée de la fièvre typhoïde, l'influence qu'elle exerce sur la pression artérielle, même avec un mouvement fébrile intense, est singulièrement différente de celle que nous avons vu se produire dans la dothiénentérie. C'est que l'infection, sans doute, est dans ces cas à un degré notablement moindre. Et déjà cela porte à penser que la diminution de la pres-

sion artérielle est bien dans ces maladies, le fait de
l'état infectieux, non de la fièvre.

Influence de la fièvre sur la tension artérielle. —
Nous venons de passer en revue les pressions observées au cours des principales d'entre les maladies aiguës
et nous avons vu qu'elles s'écartent en général assez
notablement de l'état normal.

Avant d'aller plus loin je voudrais rechercher ce qui
dans ces écarts appartient à la fièvre dont ces maladies
sont accompagnées.

A priori il semble naturel de présumer que le mouvement fébrile, dont l'un des principaux caractères est une
accélération parfois considérable du pouls, ait une
influence notable sur la pression artérielle. Mais quelle
est la mesure de cette influence et dans quel sens agit-
elle? C'est là une question apparemment difficile à
résoudre puisque ceux des observateurs qui s'y sont
essayés lui ont donné des solutions différentes et même
opposées. Au dire de Zadek, Chresteller, Arnheim,
Reichmann, la fièvre élève toujours la pression. Suivant
Riegel, Wetzel, au contraire elle l'abaisse. Le professeur v. Basch pense qu'on ne peut répondre à cette
question « ni par oui, ni par non ». Et de fait Moser
(*Arch. f. klin. Med.*, II, 1894) trouve la pression dans
les maladies fébriles tantôt exagérée, tantôt diminuée,
tantôt normale et différente dans chaque cas particulier?
N'y aurait-il donc aucune sorte de rapport entre la
pression artérielle et la fièvre? Voyons ce que les
observations nous apprennent à cet égard.

D'une façon générale, les maladies fébriles appartiennent comme on l'a vu, aux catégories d'affections où la

moyenne des pressions est inférieure à la pression normale. Cela est évident pour les principales de ces maladies ; puisque les moyennes relevées ont été de 12 dans la phtisie, de 15 dans la fièvre typhoïde, 14 dans le rhumatisme articulaire aigu, 15 dans la pneumonie, 15,5 dans l'embarras gastrique fébrile ; tandis que la pression moyenne peut être estimée à 16 ou 17, pour la même catégorie de sujets à l'état normal.

Il est vrai que, chez presque aucun des malades que nous avons observés, nous n'avons pu savoir quel était le chiffre de leur pression avant l'invasion de la maladie fébrile. Mais chez presque tous nous avons vu, durant la convalescence, la pression se relever progressivement jusqu'à atteindre un chiffre qui pouvait être considéré comme appartenant à l'état normal et ce relèvement s'opérait avec plus ou moins de lenteur, suivant que la maladie avait été plus ou moins longue et grave.

Il est donc certain que les maladies fébriles en général abaissent la pression artérielle au-dessous du chiffre normal.

Cependant, lorsqu'on suit les oscillations de la pression artérielle durant le cours de ces maladies, on voit d'ordinaire les élévations rapides de la température, quand il s'en produit, s'accompagner d'une élévation plus ou moins accentuée de la pression, de sorte que les courbes se suivent, non d'une façon absolue, mais en général à peu près exactement. Et, quand à la fin de la période fébrile il survient une brusque défervescence, un abaissement immédiat de la pression artérielle lui correspond le plus souvent ; après lequel, la pression durant la convalescence remonte lentement vers son niveau normal.

Ainsi un homme de 41 ans, entré au 5ᵉ jour d'une pneumonie ayant 40°,2, 100 pulsations, et une pression de 15, avait le 6ᵉ jour 59°, 108 pulsations et 15. La défervescence a lieu le 7ᵉ jour ; la température tombe à 57°,2, le pouls à 72 et la pression à 15,5. — Chez un garçon de 18 ans au 5ᵉ jour d'une pneumonie, la température était à + 40°, le pouls à 92, la pression à 10. Le 7ᵉ jour la température tombe à + 57°, le pouls à 64, et la pression à 8,5.

Quand la défervescence est progressive, la chute de la pression est parfois progressive aussi. Chez un garçon de 20 ans, dans un cas de pneumonie congestive où la fièvre s'éteignit progressivement, la température descendit peu à peu à partir du 4ᵉ jour, de 59° à 58°, puis à 56° ; le pouls de 116 à 76, puis à 56 ; la pression s'abaissa en même temps de 16 à 15, puis à 11.

Il y a donc dans les maladies fébriles deux influences distinctes, l'une qui tend à augmenter la pression, c'est le mouvement fébrile ; l'autre au contraire, qui dès le début tend à l'abaisser. Or, si l'on remarque que la maladie infectieuse par excellence, la fièvre typhoïde, est celle où l'abaissement de la pression est le plus accentuée, il devient bien vraisemblable que l'état infectieux en est la véritable cause et que cette cause est indépendante du mouvement fébrile qui l'accompagne. De fait, j'ai vu la pression également abaissée dans un cas de fièvre typhoïde avec hypothermie et dans un cas d'infection non fébrile par des viandes avariées. De plus il est une maladie infectieuse entre toutes où le mouvement fébrile est souvent absent et qui cependant abaisse la pression plus et plus constamment que toutes les autres ; c'est la tuberculose.

L'infection est donc bien la cause de cet abaissement. Elle agit en ce sens dès le début de la maladie. Chez les sujets atteints de fièvre typhoïde que j'ai pu observer aux 3°, 4° ou 5° jours de la maladie, la pression était abaissée déjà aux chiffres de 13 ou 14. Dans la pneumonie, dans le rhumatisme la pression est dès les premiers jours descendue à un niveau autour duquel elle oscillera pendant la durée de la maladie. Le début de cet abaissement de la pression est-il exactement contemporain du mouvement fébrile? Ne le précède-t-il même pas quelquefois? Pour le savoir il faudrait avoir pu observer la pression régulièrement pendant les jours précédant le début même de la maladie et c'est ce que malheureusement je n'ai pas eu occasion de faire.

Mais il est dans le cours des maladies aiguës une autre cause encore d'abaissement de la tension artérielle; c'est l'épuisement produit par les hémorragies, la diarrhée persistante, ou seulement la durée prolongée de la maladie. Sous ces influences on voit la pression descendre au plus bas et cet abaissement se prolonger longuement ensuite.

On peut donc estimer que dans les maladies fébriles, la pression artérielle est soumise à deux influences antagonistes : l'infection et l'épuisement qui l'abaissent, la fièvre qui tend à l'élever. Et, comme l'une et l'autre peuvent l'emporter alternativement, on conçoit les irrégularités de la pression artérielle et l'inconstance de ses rapports avec le mouvement fébrile; irrégularité et inconstance qui ont dérouté les observateurs.

Il y a de bien grandes vraisemblances que, dans les diverses maladies fébriles que nous venons d'énumérer, l'agent infectieux qui les cause ou du moins quelqu'un de ses produits agit d'une façon dépressive sur la tonicité cardiaque et vasculaire, alanguit la circulation et diminue la pression artérielle ; que l'excitation fébrile d'autre part, multipliant et exagérant les systoles cardiaques, la relève plus ou moins ; que suivant que l'une ou l'autre domine on a les profonds affaissements de la pression et le pouls large de la fièvre typhoïde, ou la pression modérément abaissée et le pouls serré de la pneumonie, puis une foule d'états intermédiaires dans l'une et l'autre maladie.

Dans les courbes que l'on peut construire avec les pressions régulièrement observées au cours des maladies aiguës, c'est sur une ligne abaissée par l'influence de l'infection qu'on voit se marquer les élévations successives qui correspondent aux exacerbations du mouvement fébrile. Il est vrai que des recrudescences de l'élément infectieux viennent parfois compliquer le tracé d'affaissements nouveaux, en attendant l'affaissement de la défervescence puis le lent relèvement de la convalescence. L'aspect de ces courbes n'a rien de saisissant et semble au premier abord un pur désordre, l'analyse seule l'explique et le fait comprendre.

Chlorose. — La moyenne des pressions observées chez les chlorotiques a été de 15.5 ; le chiffre le plus souvent relevé a été de 16[1]. Dans la plupart des cas où la pression

---

1. Une seconde statistique, basée sur des faits de chlorose observés dans la pratique privée du professeur Potain. donne des chiffres sensiblement égaux quoique légèrement plus élevés :

Pour la pression maximum. 18
   —   —   minimum 15
   —   —   moyenne 15,92
P.-J. T.

s'est trouvée inférieure à la moyenne, ou bien la chlorose
était secondaire, ou bien elle était, comme il arrive souvent, compliquée de dyspepsie avec dilatation du cœur
droit. Quand sous l'influence de la médication et de
l'hygiène, l'état dyspepsique avait disparu, on voyait la
pression se rapprocher de l'état normal; et ce n'était pas
nécessairement que la chlorose fût guérie, car les
souffles jugulaires persistaient et le souffle précordial,
qu'on n'avait pas constaté d'abord, apparaissait. De sorte
qu'une chlorose avec laquelle on trouve une pression
inférieure à 13,5 ou 14, de ce seul fait est suspecte et, si
l'on ne trouve pas de complication manifeste qui
l'explique, on doit craindre qu'elle ne cache un début de
tuberculose. Cependant Bihler (*Deutsch. Arch. f. klin.
Med.*, 1895), ayant observé 50 chlorotiques à la clinique
de Munich, prétend que leur pression en général était
très inférieure à la normale et qu'elle s'en rapprochait
lorsque ces malades quittaient le service ayant été amé-
liorées ou guéries. Comme l'auteur ajoute que dans
presque tous les cas il existait une notable dilatation du
cœur, voire même une insuffisance tricuspidienne ou
mitrale, on voit qu'il s'agissait apparemment surtout de
faits compliqués analogues à ceux auxquels je faisais
allusion tout à l'heure. Et c'est pour cela sans doute que
l'ensemble des chiffres indiqués par Bihler est exceptionnellement bas.

Hémorragies. — En général, les hémorragies ne modifient pas notablement la pression sur le moment même,
à moins qu'elles ne soient excessives. Je n'ai pas eu
occasion de faire l'examen sphygmomanométrique dans
un cas d'hémorragie foudroyante. Mais les physiolo-

gistes savent que, pour abaisser sensiblement le chiffre de la pression chez un animal, il faut lui faire perdre environ $\frac{1}{6}$ de la masse de son sang, c'est-à-dire une quantité qui équivaut à peu près à 1,5 % du poids de son corps; ce qui pour un homme de 66 kilogrammes représenterait à peu près 860 grammes.

De fait j'ai eu à plusieurs reprises occasion de constater qu'une saignée de 500 grammes n'apporte aucune modification à la pression artérielle pendant tout le temps que le sang s'écoule, ni immédiatement après. En 1885, ayant fait pratiquer une saignée de 900 grammes à un sujet atteint de suffocation dans le cours d'une néphrite albumineuse, je vis la pression descendre de 24 à 23. C'était pour une si grosse perte de sang une bien faible diminution, puisqu'elle ne dépassait point celles que produisent souvent des influences physiologiques de peu d'importance. Silva a fait la même observation et n'a constaté d'abaissement de la pression que lorsque la perte de sang atteignait ou dépassait $\frac{1}{100}$ du poids du corps. Cela ne veut pas dire que la saignée ne puisse point avoir d'effet utile; mais seulement que son utilité ne consiste pas à abaisser la tension artérielle et qu'elle ne saurait se mesurer au degré de cet abaissement.

D'ailleurs, si l'influence immédiate d'une hémorragie sur la tension artérielle est médiocre et le plus souvent nulle, il n'en est pas de même de son action consécutive. Dans six cas d'hémorragies gastrique, intestinale ou pulmonaire d'une notable abondance, j'ai toujours vu la pression artérielle s'abaisser un peu dans les jours qui suivaient, puis remonter progressivement jusqu'au chiffre initial. Chez un homme de 28 ans, atteint de fièvre typhoïde, une hémorragie intestinale abondante, survenue au 15ᵉ jour, alors que la pression était de 15, la faisait descendre à 13, trois jours après. Chez une femme de 22 ans sous l'influence d'une hémorragie intestinale également abondante, la pression qui était de 14 descendait à 10,5 deux jours après. Quant au retour vers la pression antérieure il est parfois fort lent. Ainsi chez un homme atteint d'ulcère simple de l'estomac et chez lequel la pression, sous l'influence d'une hématémèse abondante, était tombée le surlendemain à 11,5, il fallut 15 jours pour qu'elle revînt à 15,5. Un homme de 34 ans, tuberculeux au 1ᵉʳ degré, ayant été atteint d'une hémoptysie, dans laquelle il avait rendu une pleine cuvette de sang, n'avait encore au bout de deux mois qu'une pression de 12.

Il y a lieu de remarquer que ces modifications de la pression artérielle qui suivent les hémorragies coïncident très exactement avec les changements de composition du sang, qui se produisent dans les mêmes circonstances et avec une évolution toute semblable. On en trouve le témoignage dans l'évolution des souffles vasculaires qui les accompagnent; comme je l'ai autrefois montré dans un travail qui fut ma thèse inaugurale.

Il semble donc bien que la diminution de la pression artérielle et les souffles vasculaires qui suivent les hémorragies sont la conséquence, non de la diminution de la masse du sang, mais de la proportion diminuée des globules qui s'y trouvent. C'est sans doute à cette moindre proportion de globules, à la viscosité moindre et à la résistance périphérique moindre qui en résultent qu'il faut attribuer l'abaissement tardif de la pression dans ces circonstances.

Sans doute, cela ne concorde pas avec la persistance d'une tension presque normale chez les chlorotiques, dont la proportion globulaire est si diminuée. Il faut apparemment compter chez celles-ci avec une adaptation du cœur et des vaisseaux qui n'aurait ni le temps ni la faculté de se produire à la suite des hémorragies.

Au point de vue du pronostic, il faut noter que le retour de la pression vers un niveau moins éloigné de la normale n'implique pas nécessairement la cessation du danger. Chez un de mes typhiques, chez lequel une hémorragie abondante avait réduit la pression à 9, le retour de la pression à 10,5, qui se fit en trois jours, n'empêcha point qu'il ne succombât le quatrième et que la mort ne parût imputable principalement à l'hémorragie.

Si peu abondantes qu'elles soient, les hémorragies, quand elles se répètent souvent, finissent par faire fléchir la pression artérielle beaucoup plus que ne l'eût fait une même perte de sang se produisant d'une seule fois. C'est ce qui advint chez un homme de 52 ans, entré dans le service pour une tuberculose à marche très lente, d'un degré peu avancé et chez lequel de très petites hémorragies renouvelées depuis 5 ans avaient fini par réduire la pression artérielle à 9,5; c'est-à-dire à un chiffre notablement inférieur à celui qu'elle atteint le plus souvent chez les sujets que la tuberculose au 3e degré a le plus cachectisés. — Un homme de 65 ans atteint de cancer du rein avait depuis 6 ans de petites hématuries fréquemment renouvelées; sa pression était descendue à 9. — Un homme de 22 ans arrivé au 20e jour d'une fièvre typhoïde fut pris d'hémorragies intestinales abondantes ; la pression n'en fut pas notablement modifiée et demeura les jours suivants à 12. Le 23e jour, seconde hémorragie ; la pression alors descendit à 10,5, remonta le 24e jour jusqu'à 14, puis revint à 13, où elle était encore lorsque le 29e jour survint une troisième hémorragie. Cette fois, la pression descendit à 12, puis à 11 et y demeura jusqu'au 40e jour où le malade quitta l'hôpital.

Inutile de faire remarquer que, ici encore, les choses se passent pour la pression artérielle comme pour la composition du sang qui, à mesure que les hémorragies se répètent est de moins en moins apte à se reconstituer.

Maladies organiques du cœur. — Relativement à leur influence sur la pression artérielle, les maladies organiques du cœur tiennent le milieu (comme on le voit dans le tableau de la p. 115) entre celles qui l'abaissent et celles qui l'élèvent le plus. La moyenne de toutes les pressions relevées chez les sujets atteints de ces affections a été 16,4. La moyenne de toutes les observations faites dans l'état pathologique a été de 15,6. On voit que ce genre d'affections n'est pas de celles qui compromettent le plus habituellement la pression artérielle et que les désordres graves, qu'elles apportent en général dans la circulation, tiennent apparemment à autre chose et se produisent de toute autre façon. En réalité pourtant, dans le plus grand nombre des cas de maladie du cœur, la pression artérielle est inférieure à ce qu'elle serait à l'état normal chez un sujet du même sexe et de même âge. Mais la dépression que ces maladies produisent n'est généralement point égale à celle que déterminent les cachexies et les maladies fébriles infectieuses.

Ce qui est à remarquer surtout, en ce qui concerne les maladies du cœur, c'est la très grande inégalité des pressions qu'on y relève. J'y ai noté des chiffres allant de 10 jusqu'à 22, en dehors de toute complication. Un autre point à signaler, c'est la variabilité de cette pression chez un même malade, l'étendue de ces variations et la rapidité avec laquelle elles se produisent. Il n'est pas rare de voir indépendamment de toute médication la pression passer en quelques jours par exemple de 11 à 14, de 15 à 18, de 11 à 18, de 17 à 24.

En général les chiffres très bas sont l'indice d'une compensation insuffisante et entraînent par suite un pronostic fâcheux. Mais, de même que, chez les cardiaques, les accidents ne dépendent pas toujours d'une insuffisance de la pression artérielle, de même des troubles graves peuvent coïncider avec une tension exagérée ; si bien que, dans ce dernier cas, l'amélioration est annoncée par un retour à une tension plus modérée. Ainsi, chez un malade atteint d'insuffisance aortique, au moment d'une crise angineuse très douloureuse et angoissante, je vis la pression qui, précédemment, était à 17, monter tout à coup à 24, en même temps que le pouls s'élevait à 120. Sous l'influence du nitrite d'amyle, la douleur faisant relâche, la pression descendit à 25, puis à 20 et le pouls à 90. Le lendemain, une nouvelle crise moins douloureuse faisait monter la pression à 21 et le pouls à 100. Deux jours après, aucune crise ne survenant, la pression était redescendue à 18,5 et le chiffre des pulsations à 80.

Ce qui se rattache toujours à un état fàcheux, c'est l'inégalité des pulsations. Et cette inégalité peut être telle, que tandis que le sphygmomanomètre indique pour les plus fortes pulsations le chiffre de 18, d'autres peuvent descendre à 14, 13, 10 ou même moins et qu'enfin il en est qui échappent complètement au doigt. C'est dans ces cas que la digitale, en faisant reparaître les pulsations absentes, semble amener parfois une accélération du pouls. Malheureusement, l'observation manométrique de ces sortes d'inégalités est en général fort difficile. Le sphygmographe lui est sous ce rapport extrêmement supérieur.

L'emploi combiné du sphygmographe et du sphygmomanomètre peut donner sur l'énergie réelle et efficace des systoles cardiaques des renseignements singulièrement utiles et capables de rectifier certaines erreurs auxquelles les données de l'auscultation seule pourraient entraîner. Ainsi, il est des sujets chez lesquels les bruits du cœur sont d'une intensité si inégale que quelques-uns presque nuls alternent avec d'autres d'une force et d'un éclat inusités. Si on explore le pouls radial, on lui trouve une non moindre inégalité. Mais quand on compare les bruits du cœur et les battements du pouls on est étrangement surpris de trouver que les bruits les plus sonores sont ceux, assez souvent, qui répondent aux pulsations à peu près nulles et les systoles aphones, au point de paraître presque nulles, qui produisent un pouls large et de forte tension. Cela montre assurément qu'on aurait tort de prendre toujours l'intensité des bruits pour la mesure de l'énergie cardiaque et de l'effet utile des systoles et s'explique, je crois, par certaines particularités du mécanisme de la

TABLEAU DES PRESSIONS OBSERVÉES DANS LES MALADIES ORGANIQUES DU CŒUR[1].

Pressions (partie gauche de l'échelle) :

Affection	10	10,5	11	11,5	12	12,5	13	13,5	14	14,5	15	15,5
Insuffisance aortique = 17,5	10	10,5	11		12				14 14 14 14 14		15 15 15	
Insuffisance et rétrécissement aortique = 15,5			11		12	12,5			14			
Insuffisance mitrale = 15,5			11				13	13,5	14 14		15 15 15 15 15	
Rétrécissement et insuffisance mitrale = 15,5						12,5	13		14		15 15 15	
Rétrécissement mitral pur = 15	10 10 10		11	11,5	12 12	12,5	13 13 13 13	13,5 13,5 13,5	14 14 14 14 14	14,5 14,5 14,5	15	15,5 15,5
Insuffisance aortique, rétrécissement et insuffisance mitrale = 15				11,5	12	12,5 12,5	13		14	14,5	15	15,5
Insuffisance et rétrécissement aortique, insuffisance mitrale = 15	10 10		11 11	11,5	12 12 12 12	12,5 12,5	13 13				15	
Dilatation cardiaque droite d'origine emphysémateuse = 16,5									14		15	
Dilatation cardiaque droite d'origine gastrique = 12,5	10					12,5					15	

Pressions (partie droite de l'échelle) :

Affection	16	16,5	17	17,5	18	18,5	19	19,5	20	21	23	24
Insuffisance aortique = 17,5	16 16	16,5 16,5	17 17 17 17 17		18		19 19 19 19 19 19	19,5		21 21	23	24 24 24
Insuffisance et rétrécissement aortique = 15,5	16 16					18,5 18,5						
Insuffisance mitrale = 15,5	16 16 16 16		17 17 17		18 18	18,5	19					
Rétrécissement et insuffisance mitrale = 15,5	16 16		17		18 18		19					
Rétrécissement mitral pur = 15	16 16	16,5	17 17	17,5 17,5								
Insuffisance aortique, rétrécissement et insuffisance mitrale = 15			17 17		18 18 18 18							
Insuffisance et rétrécissement aortique, insuffisance mitrale = 15			17 17						20			
Dilatation cardiaque droite d'origine emphysémateuse = 16,5	16 16 16				18				20			
Dilatation cardiaque droite d'origine gastrique = 12,5												

1. Les chiffres notés dans la pratique privée du professeur Potain, pour un certain nombre d'affections du cœur, sont généralement

clôture valvulaire sur lesquelles ce n'est pas ici le lieu de s'étendre.

Quant à l'influence que peut avoir sur la pression artérielle la localisation des lésions organiques aux différents orifices et sur les différentes parties du cœur, pour en donner une idée j'ai groupé dans le « tableau des pressions observées dans les maladies organiques du cœur », p. 139, les notations relevées chez les sujets affectés de ces diverses lésions.

plus élevés que ceux qu'il avait obtenus sur les malades hospitalisés. Des causes multiples peuvent expliquer ces différences, tout d'abord ce fait que les malades hospitalisés ne viennent réclamer les soins médicaux que tardivement, à l'époque où ils sont dans l'incapacité de travailler par leur état d'épuisement, où par suite d'accidents asystoliques qui abaissent plus ou moins la pression artérielle; que les malades de la ville, consultant le médecin chez lui, se trouvent le plus souvent dans un état satisfaisant de santé générale; que, de plus, les conditions mêmes de cet examen, l'émotivité du sujet peuvent contribuer à élever la pression comme il a été dit plus haut (p. 44 et suiv.). Ces chiffres sont les suivants :

Insuffisance aortique. .	Pression maximum. . . .	31
—	— minimum	16
—	Pression moyenne	22,02
—	Chiffre le plus fréquent. .	23
Rétrécissement mitral .	Pression maximum. . . .	24
—	— minimum	12
—	— moyenne	16,50
—	Chiffre le plus fréquent. .	17

Dans un certain nombre d'observations (36) catégorisées : hypertrophie simple du cœur, les chiffres relevés furent :

Pression maximum.	33
Pression minimum.	14
Pression moyenne	22,47
Chiffre le plus fréquent.	23 et 24

Pour l'insuffisance mitrale parfaitement compensée; pour les dilatations cardiaques légères du cœur droit d'origine gastro-hépatique, la pression s'est trouvée sensiblement normale.

P.-J. T.

On voit que de toutes les lésions organiques du cœur, l'insuffisance aortique, à l'inverse de ce qu'on croyait autrefois, est celle qui abaisse le moins constamment et au moindre degré la tension artérielle. C'est d'autre part celle où l'on trouve les pressions les plus dissemblables, les différences allant de 10 à 24. Si bien que non seulement la tension y est souvent égale à la normale, mais dans un bon nombre de cas supérieure à elle. En fait, elle ne s'abaisse pas, quand elle est exempte de complication orificielle ou myocardique. Car, si je relève les 15 observations d'insuffisance aortique pure qui font partie de ma statistique, je trouve que la moyenne des pressions qui y ont été notées est 18,6. Or, 18,5 est précisément la moyenne des pressions à l'état normal pour l'âge de 56 ans qui était l'âge moyen des malades atteints d'insuffisance aortique pure. Dans les cas où l'insuffisance aortique se compliquait de rétrécissement, la moyenne des pressions s'abaissait à 17,4 et s'il s'agissait d'insuffisance mitrale à 16,9. Il est vrai que l'insuffisance aortique est aussi l'affection dans laquelle les oscillations pulsatiles ont le plus d'amplitude, où les minima sont le plus écartés des maxima, où par conséquent le chiffre indiqué par le sphygmomanomètre est le plus éloigné de la pression moyenne. Les tracés sphygmographiques le montrent d'une façon très évidente[1].

1. Le professeur Potain a montré dans les premières pages de cet ouvrage (voir p. 25 et suiv.) que l'amplitude exagérée des pulsations, le dicrotisme marqué ou la verticalité de la ligne d'ascension du tracé ne sont pas des indices constants d'une pression basse, et que, d'une façon générale, les formes diverses des sphygmogrammes tiennent à des conditions multiples où paraissent concourir à la fois la résistance de la paroi artérielle d'une part, et, de l'autre, la capacité ven-

Quant aux autres lésions orificielles du cœur la moyenne des pressions artérielles qu'on y trouve est sans doute inférieure à la normale. Celles qui déterminent le plus d'abaissement sont celles qui portent sur

triculaire gauche en tant que celle-ci contribue au volume de l'ondée sanguine mise en mouvement.

J'ai recueilli parmi les nombreux tracés du professeur Potain un certain nombre de sphygmogrammes qui me paraissent confirmer, de façon suffisante, la vérité de ces deux assertions.

On sait, depuis les études de Marey, que dans l'insuffisance aortique le pouls présente une forme spéciale caractérisée par une grande amplitude, une ascension très brusque, un dicrotisme très marqué et, au sommet de la ligne d'ascension, un crochet produit par la chute brusque qui survient au moment où l'ascension se termine et un léger relèvement qui suit presque aussitôt. De plus, les oscillations sont brusques et les formes du tracé anguleuses. Autrement dit, le

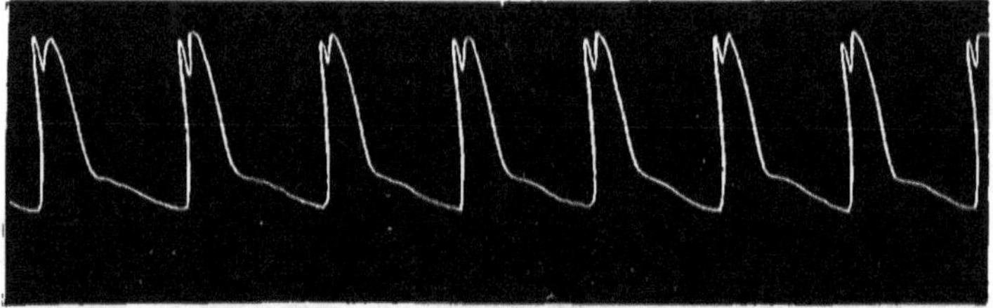

Tracé A. — Pression artérielle 18.

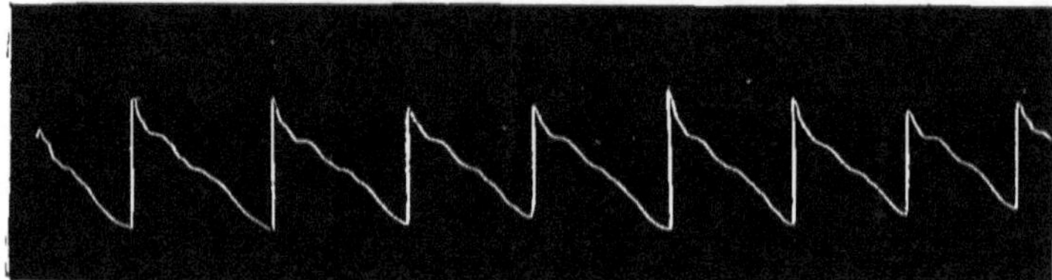

Tracé B. — Pression artérielle 19.

pouls de l'insuffisance aortique résume tous les caractères que l'on a considérés comme les indices d'une pression basse. Et, de fait, on a pensé que dans l'insuffisance aortique la pression artérielle était affaiblie jusqu'au jour où le professeur Potain a démontré le contraire. Il fallut, dès lors, renoncer à voir dans l'ascension brusque, le polycrotisme, l'amplitude du levier une conséquence et un témoignage plusieurs orifices à la fois. Mais ce n'est pas à cet abaissement qu'on peut demander aucune indication relativement au degré, au siège, ou à la forme des lésions. Les modifications de la pression sont beaucoup

d'un abaissement de la pression artérielle produit par la rentrée du sang dans le ventricule puisque dans l'insuffisance aortique, les chiffres 16 et au-dessus, donnés par le sphygmomanomètre, se trouvent chez une foule de sujets chez lesquels le pouls ne présente aucun de ces caractères.

Voici, à titre d'exemples, deux tracés (A et B) d'insuffisance aortique.

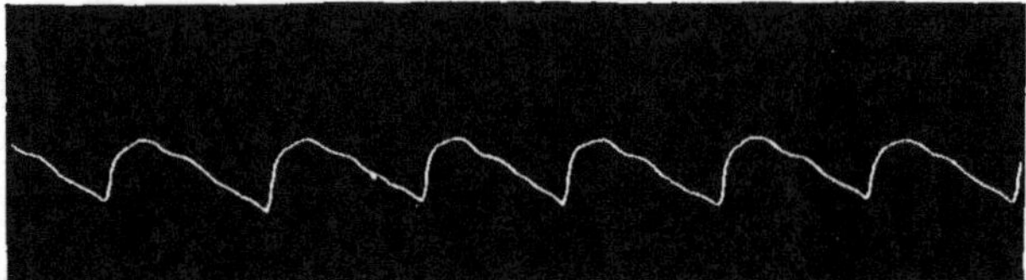

Tracé C. — Pression artérielle 25.

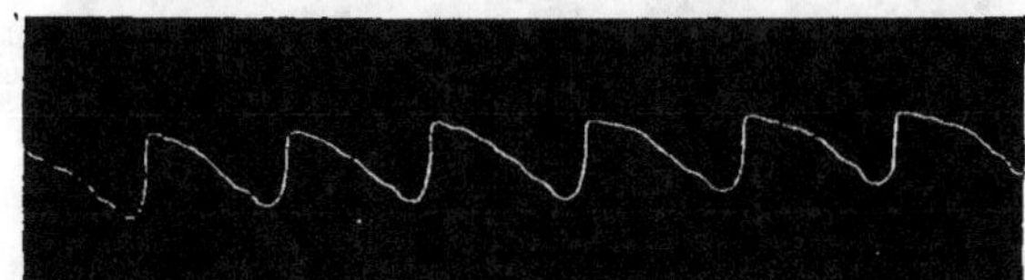

Tracé D. — Pression artérielle oscillant autour de 20.

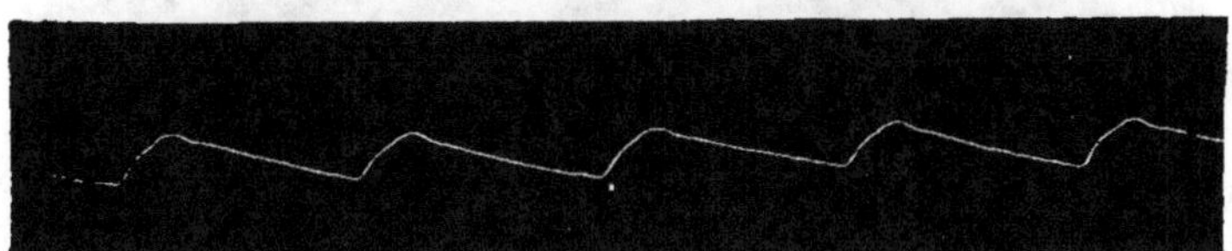

Tracé E. — Pression artérielle oscillant autour de 11.

Le premier reproduisant même avec exagération les caractères du pouls de Corrigan. Or, le tracé A correspond à une pression de 15, c'est-à-dire à une pression sensiblement normale. Le tracé B a une pression élevée de 19.

Cette forme de pouls caractéristique de l'insuffisance aortique n'y est du reste pas constante. A côté des cas nombreux sans doute où elle se présente, il s'en trouve d'autres où l'on observe des formes trop diverses pour chacune d'elles et se rattachent à trop de causes qui en sont relativement indépendantes.

Étant donnée une lésion des orifices du cœur, on peut dire d'une façon générale que plus la pression artérielle

tout à fait différentes, formes arrondies ou formes moyennes ne s'en éloignant guère. Les tracés C et D sont des types de ces formes arrondies ; ils répondent, il est vrai, à des pressions élevées de 25, 20 ; mais, par contre, dans le tracé E qui représente une forme sensiblement analogue la pression est abaissée et oscille autour de 14.

Ce n'est donc pas au degré de la tension artérielle qu'il faut, dans les cas dont il s'agit, demander la raison des formes diverses des sphygmogrammes, mais bien plutôt comme le dit le professeur Potain, à la résistance périphérique et à la capacité ventriculaire gauche. Une première preuve en a été donnée par lui dans ce fait signalé plus haut (voir p. 41 et suiv.) : que lorsqu'un sujet, sain d'ailleurs, passe rapidement de la position horizontale à la position verticale, en même

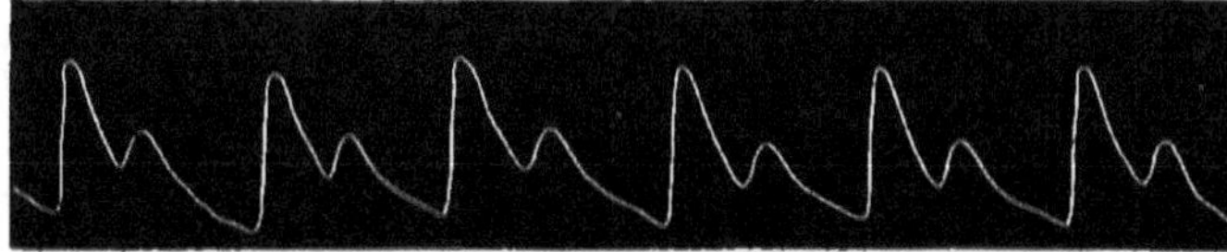

Tracé F. — 12ᵉ jour de la fièvre typhoïde.
Matité cardiaque 120ᵐ. — Pression artérielle 12.

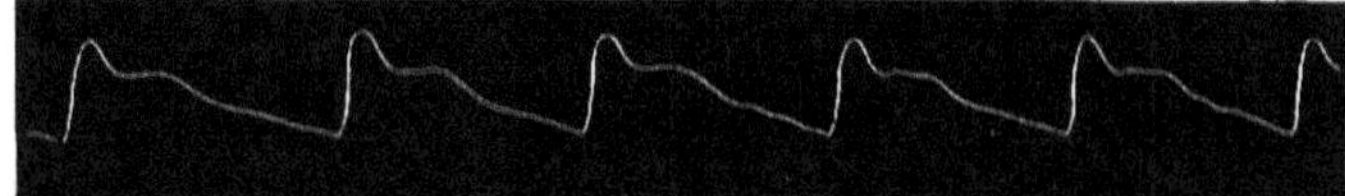

Tracé G. — 11ᵉ jour de la convalescence.
Matité cardiaque 99ᵐ. — Pression artérielle 12.

temps que *l'étendue de la matité cardiaque diminue*, le tracé sphygmographique prend une amplitude moindre, des formes plus aiguës et une tendance plus marquée au polycrotisme, et cela sans que la pression en soit sensiblement modifiée. La même chose peut se produire au cours de certaines maladies.

Le fait suivant recueilli dans les tracés du professeur Potain en est une nouvelle preuve. Chez un malade atteint d'insuffisance aortique et entré à l'hôpital pour une fièvre typhoïde, le pouls subit, de la période fébrile à la convalescence, les changements considérables figurés dans les tracés F et G sans que la pression qui était de 12 fût en rien modifiée, mais *en même temps que les dimensions de la matité précordiale étaient passées de 120ᵐ à 99ᵐ*.   P.-J. T.

se rapproche de la normale, plus on a lieu d'estimer que la compensation approche d'être parfaite. Mais il se peut faire que la pression artérielle ne demeure à un niveau voisin de la normale qu'en raison du peu d'activité de la circulation périphérique, les capillaires s'ouvrant peu, laissant passer peu de sang, n'en transmettant au cœur qu'une quantité médiocre à mouvoir et ne lui imposant qu'une quantité de travail modérée. En ce cas, la pression artérielle peut paraître suffisante; mais il ne s'agit là nullement d'une compensation vraie; les besoins de l'économie ne sont qu'incomplètement satisfaits et l'équilibre, devenu instable, est toujours bien près de se rompre.

L'abaissement de la pression dans les maladies du cœur est donc toujours un signe défavorable. A un certain degré il impose un pronostic des plus fâcheux.

Le maintien de la pression à un taux voisin de la normale ne suffit pas d'autre part pour écarter tout danger, surtout quand le niveau atteint par la pression tient à la coïncidence d'une sclérose artérielle.

Dans les cas de dilatation du cœur droit accompagnant la sclérose pulmonaire ou l'emphysème, la pression demeure assez voisine de la normale. La lenteur avec laquelle la dilatation des cavités du cœur se produit d'ordinaire en ces cas-là, permet à l'hypertrophie de l'accompagner fidèlement et à la compensation de s'établir ainsi d'une façon suffisante. Quand il s'agit au contraire de la dilatation cardiaque droite d'origine gastrique, qui parfois se produit si soudainement, à un degré si considérable et ordinairement dans des conditions si peu favorables à l'établissement d'une hypertrophie compensatrice, l'obstacle est mal surmonté et la pression artérielle diminue beaucoup; quelquefois à tel point que le pouls devient tout à fait insensible. Le spasme des capillaires du poumon provoqué par une digestion difficile peut produire à la fois, d'une part une dilatation très distincte du ventricule droit, de l'autre un abaissement très marqué de la pression dans la radiale. J'ai dit que la faible pression artérielle qu'on observe chez un certain nombre de chlorotiques, paraît ne tenir point à autre chose. Il importe considérablement de distinguer cet abaissement sans gravité aucune d'avec la faible tension qui, dans certaines chloroses, tient à ce que l'état chlorotique masque une tuberculose commençante et en voie d'évolution.

Maladies du système artériel. — a) *Modifications par rigidité de l'artère explorée.* — Dans les applications de la sphygmomanométrie aux maladies des artères, il faut tenir compte d'abord de l'obstacle que la rigidité de la paroi artérielle peut apporter à l'exacte appréciation de la pression du sang dans la cavité de l'artère qu'on explore. Opposant une certaine résistance à l'écrasement, cette rigidité oblige à exercer une pression plus forte pour arrêter complètement l'onde sanguine et le manomètre exprime fidèlement cette pression exagérée. Mais d'un autre côté, l'impulsion de l'onde qui franchit l'artère se transmettant plus difficilement au doigt à travers la paroi rigide, la sensation amoindrie qu'elle donne disparaît plus aisément et avec une moindre pression de la pelote. En sorte que, l'indication du sphygmomanomètre, étant d'une part exagérée et de l'autre abaissée, ces deux influences paraissent se compenser souvent dans une certaine mesure. Aussi la rigidité de l'artère a sur le résultat de l'exploration une influence beaucoup moindre qu'on ne serait porté à le croire.

Le professeur v. Basch dit avoir constaté qu'une radiale humaine, même sclérosée, se laisse déprimer par la pelote du sphygmomanomètre avec une pression qui ne dépasse pas 5$^{\text{mill. Hg}}$. Quand elle est saine, il suffit d'un à trois.

Le fait est, qu'il m'est arrivé maintes fois de trouver dans une radiale dure au point de donner au doigt la sensation d'un tuyau de pipe, une pression très peu différente de celle du côté opposé où l'artère semblait beaucoup moins résistante. Il est à remarquer d'ailleurs que les artères dites ossifiées des vieillards très avancés en âge ne donnent pas toujours des chiffres aussi hauts que ceux qu'on attendrait et n'empêchent pas qu'on ne constate la décroissance réelle de pression qui résulte de l'insuffisance du cœur.

L'obstacle local apporté par la rigidité artérielle à l'observation sphygmomanométrique paraît donc relativement peu de chose et n'empêche pas les chiffres relevés d'exprimer assez fidèlement les modifications de la pression du sang dans l'artère.

b) *Modifications de la pression d'origine organique.* — Un autre sujet d'embarras pour cette étude, c'est l'anomalie qui consiste en un développement exagéré de la branche de la radiale nommée branche de la tabatière, surtout quand cette branche naît très haut. Celle qui continue le trajet primitif est alors parfois très petite et la pression qu'on y constate de ce fait très diminuée. C'est là une anomalie d'ailleurs facile à reconnaître et qui oblige seulement à reporter l'observation à l'autre bras ou à la temporale.

Enfin une compression de la sous-clavière ou de l'humérale pourrait encore diminuer la pression constatée dans la radiale. Mais il faudrait pour cela une compression assez forte. Les compressions modérées n'y changent que fort peu de chose. Pour s'en rendre compte, il suffit de faire comprimer l'humérale progressivement, tandis que l'on tient appliqué sur le poignet le sphygmographe ou le sphygmomanomètre. Le premier effet de la compression est de rendre les pulsations plus distinctes et d'en augmenter la force par le fait sans doute que l'on comprime nécessairement en même temps les veines collatérales, ce qui élève la pression. Quoi qu'il en soit, la compression portée assez loin réduit les battements de l'artère et abaisse la pression jusqu'à les annihiler.

Il en est de même des rétrécissements du tronc artériel. Ces rétrécissements siègent le plus souvent à l'origine du tronc brachio-céphalique ou de la sous-clavière dans l'aorte et les modifications du pouls en deviennent un des principaux signes. Les exemples n'en sont point rares et la différence des pressions dans les deux radiales va quelquefois jusqu'à plusieurs centimètres.

Chez un homme de 59 ans, entré dans le service en 1892 pour une tuberculose au second degré des deux sommets, chez lequel existaient en même temps des indices d'athérome généralisé, la pression, qui à la radiale gauche était de 17, n'était à droite que de 15. — Chez un homme de 44 ans, ancien syphilitique, entré à la Charité en 1890 avec un anévrysme de la crosse de l'aorte, la radiale droite donnait 15,5 et la gauche 14,5 ; la radiale gauche en outre se sentait à peine en raison de la lenteur du soulèvement. — Chez un autre de

58 ans la pression à gauche était de 17, à droite 12 seulement.

Dans les cas de ce genre, la différence entre les deux radiales est constante et persistante ; les modifications que peut subir la pression générale n'y changent rien. Ainsi, chez un homme de 55 ans, atteint de néphrite chronique, on constatait le 17 mars une pression de 27 à droite et 24 à gauche. Le 2 avril, les pressions qui s'étaient abaissées sous l'influence du traitement et du repos, étaient de 23 à droite et 20 à gauche. Le rapport n'avait donc pas changé.

Il n'est pas rare non plus de constater chez les vieillards emphysémateux cette inégalité des deux radiales, le plus souvent imputable à des altérations séniles du système artériel. Mais il est des cas où la sénilité n'y est assurément pour rien. Tels, deux malades emphysémateux, l'un qui séjourna dans le service en 1891, l'autre en 1892, le premier âgé de 25, l'autre de 30 ans, et chez lesquels les radiales donnaient, pour le premier 17,5 à droite et 14,5 à gauche, pour le second 23,5 à droite et 22,5 à gauche. Telle encore une femme de 59 ans, entrée dans le service avec les signes d'une lésion cérébrale en foyer et chez laquelle la pression inégale des deux pouls dont l'un, le droit, donnait 19,5 et l'autre seulement 17,5, indiquait une altération artérielle précoce, origine du ramollissement cérébral.

Ce n'était pas non plus à la sénilité qu'on s'en pouvait prendre chez un homme de 59 ans, soigné à la Charité en 1892, également emphysémateux et affecté d'un rétrécissement mitral, chez lequel la radiale droite donnait 15 et la radiale gauche 10 seulement. Cet homme avait eu la fièvre typhoïde à l'âge de 11 ans et dans la suite avait subi trois atteintes successives de rhumatisme articulaire aigu; origine très vraisemblable d'une adultération artérielle tout à fait indépendante de l'âge.

J'ai vu une artérite aiguë de l'humérale diminuer de même la pression dans la radiale du côté correspondant. En 1893, nous eûmes à la Charité un homme qui, s'étant un jour endormi sur un banc du boulevard, le bras droit passé par-dessus le dossier et appuyant par sa face interne sur le bord de la planche qui le formait, s'était éveillé avec un engourdissement douloureux de tout le bras. Quelques jours après, il entrait dans le service avec la main engourdie et froide, et une douleur assez vive à la face interne du bras, dans le point qui avait été comprimé. Là, on sentait une tuméfaction allongée, un peu diffuse et douloureuse, située sur le trajet de l'artère humérale et dans une bonne partie de ce trajet. Les battements de la radiale de ce côté étaient fort atténués, mais non supprimés; la pression très réduite.

Ce que le traumatisme avait fait dans ce cas, l'infection le peut faire aussi. On en a de fréquents exemples dans l'artérite qui survient aux membres inférieurs surtout vers la fin ou dans la convalescence de la fièvre typhoïde. Les sujets qui en sont atteints se plaignent d'un léger endolorissement à la face interne de l'une des cuisses, endolorissement que l'on retrouve plus ou moins marqué sur tout le trajet de la crurale, sans qu'il y existe aucun cordon appréciable. Si on recherche alors les battements de la pédieuse, on les trouve parfois atténués d'abord; puis ils prennent une amplitude plus grande que du côté opposé, sans que la pression constatée à l'aide du sphygmomanomètre y soit encore sensiblement modifiée. Les jours suivants, le pied de ce côté tend à se refroidir et ce refroidissement s'accentue très notablement, si les membres inférieurs ne sont pas suffisamment protégés. A cette époque les battements diminuent de nouveau dans la pédieuse et finissent même quelquefois par disparaître entièrement. Après quoi et au bout d'un temps qui n'est ordinairement pas bien long, quelquefois seulement de quelques jours, ils se font sentir de nouveau et finissent par égaler tout à fait ceux de l'autre côté.

Lorsque pendant cette évolution on applique le sphygmomanomètre sur la pédieuse et sur la crurale avec un soin suffisant, on constate que la pression, exagérée au début, décroît ensuite progressivement. Ainsi chez un garçon de 16 ans, entré à la Charité en 1893 au 15ᵉ jour d'une fièvre typhoïde de moyenne intensité, il survint au 49ᵉ jour une artérite du membre inférieur gauche. La crurale était douloureuse sur tout son trajet, ses battements étaient très affaiblis, une pression de 10 centimètres suffisant à les effacer; ceux de la pédieuse avaient disparu. Le 56ᵉ jour, les battements reparaissaient avec exagération dans l'artère malade et la pression indiquée par le sphygmomanomètre au niveau de la crurale était devenue 27, tandis que, pour la crurale opposée, elle n'était que 20. De plus, la pédieuse gauche donnait 16 et la droite 14, en sorte que les battements s'étaient exagérés dans toute l'étendue du membre inférieur. Chez un garçon de 18 ans, entré à Necker en 1883, au 17ᵉ jour d'une fièvre typhoïde, des signes d'artérite apparurent dans la crurale gauche au 28ᵉ jour de la maladie. A ce moment, la radiale donnait 12. Au 37ᵉ jour la radiale donnait 15; tandis que, dans les pédieuses, on trouvait 7 à droite et 6,5 à gauche. Le 46ᵉ jour, la pression était

remontée à 9 dans les deux pédieuses. La radiale donnait 12 comme au début de ces accidents. On voit que
dans ce cas les changements de pression survenus dans
la pédieuse furent tout à fait indépendants de ceux qui,
à ce moment, se produisaient dans les radiales.

J'ai montré, il y a longtemps, que cette artérite de la
fièvre typhoïde est le plus souvent exclusivement parié-
tale et ne s'accompagne de la formation d'aucun
thrombus intra-vasculaire. Le caractère transitoire que
l'affection présente en ce cas ne permet pas de le mettre
en doute et les constatations anatomiques l'ont suffisamment établi. Comment la circulation artérielle en est-elle
entravée cependant au point que les battements disparaissent parfois complètement? Il y a lieu de penser que
l'épaississement des parois de l'artère contribue à en ré-
trécir la lumière et que la contraction achève de l'effacer
plus ou moins; que, à une autre période, la perte du
tonus et les modifications de l'élasticité en amènent au
contraire l'expansion exagérée; d'où les alternatives singulières de la pression artérielle constatées dans ces
cas-là.

D'ailleurs il faut bien admettre que dans cette maladie,
les parois artérielles sont souvent affectées même en
dehors des cas d'artérite manifeste que je viens de citer.
Nous le constatons parfois avec évidence pour la crosse
aortique dont l'expansion est facile à reconnaître par la
percussion. Il y a lieu de le présumer pour les artères
des membres, lorsqu'on observe chez ces malades une
répartition irrégulière de la pression artérielle. C'est
ainsi que chez un garçon de 18 ans, soigné à la Charité
pour une fièvre typhoïde en 1890, nous vîmes à partir
du 22ᵉ jour la pression de l'une des radiales osciller de

1 à 2 centimètres en augmentant progressivement jusqu'au 49ᵉ jour.

Plus loin nous verrons à quel degré considérable l'artério-sclérose généralisée peut élever la pression. Or, chez les brightiques même, cette artério-sclérose n'est pas toujours si absolument généralisée ou si également répartie que l'exagération de la pression soit la même dans les artères homologues. Ainsi chez un homme de 55 ans entré à la Charité en 1887 pour une affection de ce genre, la radiale droite donnait 27 et la gauche 24,5 ; quelques jours après, la différence persistait, mais à un niveau bien différent. La droite donnait 25 et la gauche 20,5.

c. *Modifications locales de la pression d'origine vaso-motrice.* — La vaso-motricité, qui ne se répartit pas toujours uniformément, peut être la cause d'une inégale distribution de la pression artérielle, variable d'ailleurs et mobile comme elle. C'est chez les sujets affectés d'asphyxie symétrique des extrémités que ce fait est le plus frappant.

J'ai eu occasion d'en étudier un exemple remarquable en 1890 chez un chauffeur de paquebot âgé de 45 ans. L'asphyxie, chez cet homme, siégeait aux membres supérieurs, elle s'accompagnait de cyanose, de faiblesse et d'engourdissement; mais elle n'était point égale des deux côtés. La pression dans la radiale était de 13 à droite et 9 à gauche. Chez un homme de 50 ans, saturnin et hystérique, qui présentait aux membres supérieurs des troubles circulatoires du même genre, la pression dans les radiales présenta les alternatives suivantes :

	5 mars.	6	10	11	15	15
Radiale droite. . .	18	20	17	18,5	18,5	17
Radiale gauche . .	18,5	19	18,5	18,5	17,5	17,5

La pression était donc plus forte tantôt à droite, tantôt à gauche. Parfois l'égalité se rétablissait.

Chez un homme de 53 ans atteint de rétrécissement mitral, qui se trouvait dans le service en 1887, il survint pendant son séjour des accidents d'asphyxie locale du membre supérieur gauche. A ce moment, il existait sur le trajet de l'humérale une tuméfaction douloureuse où l'auscultation faisait entendre un bruit de souffle. Il parut donc qu'une artérite de l'humérale était la cause des troubles circulatoires dont la main était le siège. La pression dans la radiale de ce côté était réduite à 10 ; tandis que du côté opposé elle était de 15,5. Mais il se trouva que les troubles circulatoires n'étaient pas limités au membre supérieur affecté ; qu'ils existaient aussi au membre inférieur du même côté, que les battements de la pédieuse étaient diminués au point de devenir presque nuls et que ceux de la tibiale et de la fémorale étaient aussi plus faibles que ceux du côté opposé. Or, au bout de quelque temps, la tuméfaction et la douleur qui siégeaient à la face interne du bras disparaissant peu à peu, les pressions artérielles des deux côtés s'égalisèrent aussi bien pour les membres inférieurs que pour les supérieurs et tout rentra dans l'ordre. D'où il paraît légitime de conclure que les phénomènes asphyxiques avaient été la conséquence d'un spasme vasculaire ; que ce spasme vasculaire avait eu pour cause une artérite subaiguë de l'humérale ; qu'il ne s'était pas limité au membre primitivement affecté, mais avait atteint par voie réflexe le membre inférieur du même côté ; enfin que le spasme n'était pas resté circonscrit aux capillaires artériels, mais qu'il avait envahi les grosses artères elles-mêmes.

Le dernier point est spécialement à noter puisqu'il est encore en discussion.

Chez le malade cité plus haut et chez lequel une artérite de l'humérale avait été la conséquence d'une compression prolongée, les troubles circulatoires survenus dans la main purent sans doute résulter en partie de l'obstacle opposé à la circulation par le rétrécissement du vaisseau. Mais il faut bien croire que le spasme réflexe y contribua aussi ; car les accidents qui se manifestèrent furent de tout point semblables à ceux de la maladie de Raynaud, y compris les sphacèles limités de la pulpe des doigts.

Des troubles vaso-moteurs du même genre peuvent avoir leur origine dans une maladie de la moelle. Chez un homme de 40 ans, affecté de parésie récente des membres inférieurs avec œdème et incontinence des urines, j'ai vu la pression artérielle présenter dans la radiale des oscillations qui ne pouvaient guère recevoir une autre interprétation. Dans l'espace de 18 jours, elle passa en effet par les alternatives suivantes :

Radiale droite.		Radiale gauche.
21	<	25
25	=	25
25	>	18,5
20,5	=	20,5
19	<	22,5
20	>	18,5
19	>	18,5
17	=	17

La différence entre les deux radiales fut donc portée jusqu'à 4 centimètres et la prédominance trouvée tantôt à droite et tantôt à gauche.

J'ai vu des oscillations du même genre se produire chez un homme de 50 ans, pendant la durée d'une intoxication par de la viande de homard probablement altérée :

	A droite.		A gauche.
Le premier jour, la pression était.	25,5	>	12,5
Dans la même journée.	20	<	20,5
Le lendemain	26	>	24

Ces variations étaient évidemment d'origine vaso-motrice et locale; car pendant ce temps la pression observée comparativement à la temporale était invariablement de 10.

Quand les troubles de vaso-motricité consistent, comme dans l'asphyxie symétrique, en une contracture des capillaires, ils déterminent une élévation de la pression plus accentuée du côté le plus atteint.

En 1889, nous avions dans le service un homme de 50 ans chez lequel, à la suite d'un rhumatisme articulaire aigu, il était survenu une atteinte d'asphyxie symétrique affectant très inégalement les extrémités supérieures. Le membre supérieur droit se refroidissait notablement plus que le gauche et la différence s'accentuait davantage à mesure qu'on explorait plus près de l'extrémité :

A la face antérieure du bras, elle était de.	$0^o,8$
A l'avant-bras, de	$1^o,1$
Au dos de la main	$4^o,5$
Entre les doigts.	$4^o,7$

Or, la pression de la radiale du côté droit, c'est-à-dire du côté le plus refroidi, était supérieure à celle de la radiale gauche de 5; on trouvait 19 à gauche et 16 à droite. Pendant plus d'un mois, les différences de pression et de température oscillèrent d'un côté à l'autre; puis l'égalité finit par se rétablir. Dans ce cas, l'augmentation de pression dans la radiale correspondait manifestement à un spasme des capillaires de la main exagérant la résistance périphérique.

Quand au contraire, il s'agit de parésie vasculaire, comme dans l'érythromélie, c'est un abaissement de la pression qui se produit et si, comme il arrive parfois, le spasme alterne avec la parésie, la pression dans la radiale passe de l'exagération à l'abaissement.

Lorsque comme on l'a vu plus haut, le spasme est la conséquence d'une artérite du tronc artériel, l'abaissement de la pression qui résulte du rétrécissement du calibre de l'artère semble l'emporter sur l'influence du spasme périphérique et c'est l'abaissement que l'on constate. Or, il paraît en être de même quand l'état de spasme, au lieu de se limiter aux capillaires artériels s'étend jusqu'aux troncs eux-mêmes. Du moins c'est ainsi seulement qu'il me semble possible d'expliquer comment, avec les mêmes modifications de la circulation périphérique, on peut observer, tantôt l'élévation très accentuée de la pression, tantôt son abaissement, tantôt l'absence de toute modification notable.

D. — MALADIES A PRESSION FORTE

Athérome artériel. — On a vu que l'artérite localisée à quelque tronc artériel diminue la pression dans les branches qui en partent; que d'autre part, l'épaississement de la paroi de l'artère explorée, quand celle-ci participe à l'affection, tend au contraire à l'élever quelque peu. L'athérome occupant l'aorte et les grosses artères dans une notable étendue s'accompagne habituellement d'une pression radiale exagérée. Et cela paraît être la raison principale des hautes pressions qu'on observe chez les vieillards. Mais il est impossible de savoir très exactement dans quelle mesure il y a proportionnalité entre le degré ou l'étendue de l'altération athéromateuse et le degré d'élévation de la pression artérielle ; celle-ci étant nécessairement modifiée le plus souvent par les maladies aiguës auxquelles succombent les sujets dont le système artériel peut être anatomiquement exploré. A quoi il faut ajouter que l'état du cœur contribue pour une grande part au degré que la pression artérielle peut atteindre.

Chez les vieillards de Bicêtre, âgés de plus de 80 ans, j'ai trouvé une moyenne de 22 et chez $\frac{1}{6}$ d'entre eux une pression supérieure à 24. Il est probable que c'est à l'état athéromateux de leur système artériel et à la persistance de leur énergie cardiaque qu'il faut attribuer le niveau élevé de la pression chez ces vieillards valides.

Dans les cas d'aortite chronique et d'athérome bien caractérisé que j'ai observés à la Charité, la pression n'était point aussi haute. J'ai trouvé une moyenne de 19 et un maximum de 24 avec un minimum de 14[1].

1. Voici des chiffres relevés sur les malades de la ville :

Athérome.	Pression maximum.	26
	— minimum.	12
	— moyenne	20
	Chiffres les plus fréquents.	16 à 25
Aortite.	Pression maximum.	32
	— minimum.	15
	— moyenne	24
	Chiffre le plus fréquent.	25
Angine de poitrine.	Pression maximum.	26
	— minimum.	12
	— moyenne	20
	Chiffres les plus fréquents.	16 à 25

P.-J. T.

On conçoit que l'excès de résistance créé par la diminution de l'élasticité sur tout le parcours du sang à travers le système artériel oblige le cœur à un effort plus considérable et que par suite la pression dans l'aorte au sortir du ventricule gauche soit notablement exagérée. Mais comment en résulte-t-il une augmentation de pression dans une artère éloignée, quand l'excès de travail du cœur s'est épuisé sur le chemin à lutter avec la rigidité artérielle? Il n'y a vraiment point à l'attribuer, comme on le fait volontiers, à l'hypertrophie du cœur qui existe en effet dans ces cas-là. Cette hypertrophie, conséquence de l'obstacle, se règle nécessairement sur lui et n'a nulle raison d'en dépasser la mesure. De la diminution de l'élasticité artérielle il résulte deux choses : d'une part, une exagération des à-coups et une élévation des maxima; de l'autre, une répartition beaucoup plus inégale de la pression dans les diverses parties du système artériel et par suite une exagération plus ou moins considérable de la pression dans les artères qui se détachent de l'aorte le plus près de son origine. De là sans doute l'exagération de la pression dans l'artère radiale.

E. — MALADIES A PRESSION TRÈS FORTE

Néphrite interstitielle. — Le dernier groupe de maladies que nous avons formé au point de vue de la pression artérielle, comprend deux affections seulement : la néphrite interstitielle et le diabète.

L'ensemble des faits de néphrite interstitielle observés à l'hôpital a donné une moyenne de 21,64 ; moyenne très supérieure à notre moyenne générale qui est de

15,60. Le chiffre le plus fréquemment constaté a été 24 ; le plus élevé 31 ; le plus bas 11.

Les chiffres que j'ai relevés en ville ont été notablement plus élevés en général[1]. Cela tient sans doute à ce que les malades n'entrent guère dans nos salles pour cette maladie qu'à une époque de leur affection où ils sont arrivés déjà à un certain état d'épuisement ou atteints d'accidents asystoliques qui dépriment plus ou moins la pression artérielle.

Quoi qu'il en soit, même à l'hôpital, dans le plus grand nombre des cas la pression dépassait 24 ; c'est-à-dire se tenait à un niveau supérieur à celui atteint dans chacune des affections énumérées jusqu'ici.

Il est vrai que la néphrite interstitielle appartient surtout à l'âge mûr et à la vieillesse, en sorte que l'âge moyen de nos malades a été de 48 ans ; tandis que nous avions trouvé pour la fièvre typhoïde 23, 7 ; pour la pneumonie 35, 8 ; pour la tuberculose 35, 5.

Mais à prendre seulement l'ensemble des malades âgés de 48 ans, nous trouvons encore une moyenne de 15,5. La moyenne des brightiques qui touche à 22 est donc excessive à tous égards.

1. Ces chiffres portent sur 229 observations de néphrite chronique avec petit rein :

La pression maximum a été.	32
— minimum —	17,5
— moyenne —	26,96
Les chiffres les plus fréquents	25 à 28

Un certain nombre de faits catégorisés : néphrite mixte, donnent :

Pression maximum.	30
Pression minimum.	22
Pression moyenne.	26
Chiffre le plus fréquent.	26

P.-J. T.

Le chiffre le plus souvent observé est 24. Or, en réservant le diabète dont il sera question tout à l'heure, le nombre des cas dans lesquels, en dehors de la néphrite interstitielle, la pression a atteint ou dépassé ce chiffre est extrêmement restreint. Cela se réduit à deux cas d'aortite chronique; un cas d'insuffisance aortique avec crise angineuse; un cas de colique de plomb; un cas de grossesse avec albuminurie, c'est-à-dire 5 cas sur 414 malades. Encore ne me serait-il pas possible d'affirmer qu'aucun d'eux n'eût quelque chose à voir avec le brightisme.

La conséquence pratique à tirer de ces faits, c'est que lorsque le sphygmomanomètre donne un chiffre supérieur à 24, il y a de très grandes raisons de présumer que l'on a affaire à une néphrite interstitielle ou à un diabète.

D'autre part il est tout à fait exceptionnel que la pression à un moment quelconque de la maladie descende notablement au-dessous de la moyenne 21. Il s'en est trouvé seulement cinq exemples. En sorte que l'on peut tenir pour à peu près certain que tout sujet chez lequel on trouve une pression inférieure à 19 n'a pas de néphrite interstitielle; sauf les cas de complications ou de cachexie.

Les indications sphygmomanométriques tiennent donc une place importante parmi les éléments du diagnostic de cette maladie dont les signes, comme on le sait, sont souvent bien vagues et incertains ou inconstants; à commencer par la présence de l'albumine dans l'urine qui maintes fois fait défaut.

L'excès de pression artérielle qui accompagne si constamment la néphrite interstitielle est d'autant plus à remarquer qu'il manque absolument dans les formes catarrhales de la néphrite, où j'ai trouvé une moyenne de 17,9 avec un maximum de 21,5 et un minimum de 12'. Ce n'est point du tout simple affaire de chronicité. Car la pression peut demeurer basse pendant toute la durée de cette dernière maladie ; même quand elle est la plus longue. J'ai pu suivre pendant 25 ans un homme chez lequel j'avais vu naître cette maladie ; chez lequel, malgré des phases diverses, elle ne s'effaça jamais complètement ; qui finit par en mourir et chez qui, bien qu'il ne fût jamais survenu aucune trace de cachexie, la pression demeura toujours un peu inférieure à la moyenne. Et d'un autre côté, chez les sujets affectés de néphrite interstitielle, c'est souvent dès le début de la maladie que la pression artérielle s'exagère au point de devenir caractéristique.

Des scléroses artérielles. — L'excès de la tension artérielle si habituel dans la maladie de Bright est attribué avec raison à la sclérose artérielle et à l'hypertrophie du cœur qui l'accompagne. Mais cette maladie n'est pas la seule avec laquelle il existe de la sclérose des artères, ni qui s'accompagne d'hypertrophie du cœur. La sclérose artérielle dite sénile, qu'on observe surtout chez les sujets avancés en âge et qui conduit à l'athérome, est souvent beaucoup plus accentuée et produit une rigidité infiniment plus grande des parois artérielles. Cependant elle ne s'accompagne pas d'une hypertension aussi grande à beaucoup près ; puisque la moyenne qu'elle

---

1. Pour les malades de la ville, une statistique portant sur 14 cas de néphrite dite catarrhale donne des chiffres un peu plus élevés :

Pression maxima. 22
   —   minima. 15,5
   —   moyenne . . . . 18,28.

P.-J. T.

m'a donnée est 19, tandis que celle des brightiques est 22. Il y a donc à cet égard quelque chose de spécial dans la sclérose de ces derniers.

Ce que cette sclérose a de spécial au point de vue dont il s'agit, est cela sans doute qu'elle s'étend aux plus petits vaisseaux, comme l'ont indiqué il y a longtemps Johnson, Gull et Sutton ; c'est en outre qu'elle s'y généralise absolument comme l'établissaient les recherches de Kussmaul et Maïer (*Arch. f. kl. Med.*, t. IX, 1872), qui ont trouvé dans tous les organes le calibre des artères notablement diminué (artério-sclérose généralisée capillaire).

Rien de surprenant que l'augmentation de la résistance dans la partie du système vasculaire, où elle est normalement la plus grande, et la généralisation de cet excès de résistance à toute la périphérie vasculaire retienne le sang dans les artères et impose au cœur un supplément d'effort beaucoup plus considérable que celui qui peut résulter de l'épaississement et du défaut d'élasticité des gros vaisseaux.

L'étude sphygmomanométrique des cas se rapportant à l'artério-sclérose oblige donc à établir une distinction absolue entre ces deux formes de la maladie : l'athérome et l'artério-sclérose généralisée capillaire; ou plutôt entre ces deux maladies distinctes qui conservent leur individualité propre à toutes les phases de leur développement.

Si donc sous le nom d'artério-sclérose on comprend tous les cas dans lesquels les parois artérielles s'épaississent et s'indurent, il faut absolument distinguer deux sortes d'artério-scléroses tout à fait différentes.

L'une est celle dont il a été question plus haut. Celle-ci se produit surtout chez les gens âgés, chez les vieux goutteux ; occupe principalement l'aorte et les gros vaisseaux et s'y répartit en général très inégalement ; conduit aux dégénérescences graisseuse et calcaire qu'on appelle athérome ; s'accompagne d'hypertrophie simple du cœur, assez souvent de dégénérescence graisseuse, d'agrandissement plus ou moins accentué de la crosse de l'aorte ; et se caractérise par une forme très spéciale du pouls où le plateau manifeste la perte d'élasticité de la paroi artérielle.

L'autre n'attend pas habituellement la sénilité pour se produire, atteint parfois des individus fort jeunes, le plus souvent des sujets appartenant à des familles d'arthritiques et non pas tant les goutteux eux-mêmes que leurs descendants. Elle peut succéder en particulier à la scarlatine et se rattache alors si manifestement à cette maladie que ses premiers symptômes se manifestent dans la convalescence même de l'affection éruptive. Elle envahit d'emblée le système artériel tout entier et, d'une façon prédominante peut-être, ses extrémités capillaires. Elle ne conduit le plus souvent pas et point du tout nécessairement à l'athérome, ni aux dilatations partielles des gros vaisseaux et ne s'accompagne guère d'agrandissement de la crosse aortique. Une grosse hypertrophie du cœur l'accompagne constamment et cette hypertrophie porte presque toujours d'une façon très prédominante sur le ventricule gauche dont les parois sont épaisses et dures sans que la cavité présente de dilatation notable. L'aorte et les grosses artères n'offrent guère d'autre altération qu'un peu d'épaississement et un excès de rigidité à peine appréciable. Mais cet épaississement se propage jusqu'aux plus fines ramifications, où il prend une importance relative infiniment plus grande et produit le rétrécissement du calibre constaté par Küssmaul et Maïer. Chez ces sujets les reins sont habituellement scléreux et de petit volume. Pendant la vie leur affection se caractérise par un pouls d'une amplitude médiocre ou petite, mais résistant et dont le tracé sphygmographique offre non plus un plateau et un dicrotisme accentué, mais un sommet arrondi avec une descente très progressive et presque sans dicrotisme. La tension artérielle s'élève progressivement dans le cours de la maladie et cette exagération, qui atteint souvent un degré tout à fait caractéristique, c'est-à-dire un chiffre de 25 ou 26 pouvant aller jusqu'à 51 ou 52, se manifeste la plupart du temps dès le début, c'est-à-dire à une époque où les autres symptômes sont encore peu ou difficilement appréciables. Il s'y ajoute parfois un bruit de galop gauche plus ou moins accentué, de la polyurie, de la pollakiurie, une albuminurie la plupart du temps très légère, enfin des engourdissements et des refroidissements des extrémités qui semblent bien être les manifestations de l'ischémie périphérique due à la sclérose des capillaires artériels.

L'une et l'autre de ces deux formes se développant lentement et dans le cours de plusieurs, quelquefois de beaucoup d'années, ne donne lieu durant une longue période à aucun signe bien accentué et bien caractéristique, si ce n'est à l'exagération de la tension artérielle. C'est la période que le professeur v. Basch a appelée la période latente. Pendant toute cette période, il se peut faire que l'excès de tension ne soit pas dans la forme brightique plus considérable qu'elle ne l'est à une certaine période de l'autre; en sorte que le chiffre de la tension artérielle n'a alors rien en lui-même qui permette de différencier ces deux formes de la sclérose artérielle. Mais cela veut-il dire, comme le professeur v. Basch semble le penser, que, à cette époque, les deux affections se confondent et qu'une même sclérose initiale, après avoir duré plus ou moins longtemps, conduise indifféremment, soit à l'athérome, soit à l'artério-sclérose généralisée capillaire ? Pour ma part, je ne le pense pas. Car dans les cas où l'on peut assister aux débuts de cette dernière, on la trouve déjà tout à fait caractérisée la plupart du temps. Et, quand la pression artérielle encore modérément élevée n'est pas distinctive, quand une petite quantité d'albumine existe dans les urines qui peut s'y montrer aussi bien avec l'une qu'avec l'autre des deux maladies, il reste la forme différente des tracés sphygmographiques, et le galop spécial du brightisme, il reste la cryesthésie et la pollakiurie, qui les différencient encore.

Il est vrai qu'il existe des formes ou plutôt des cas mixtes et qu'un vieillard athéromateux n'est pas par son âge absolument mis à l'abri du brightisme, ni le brightique toujours dispensé de vieillir. Et telle est sans doute la principale des raisons pour lesquelles ces deux maladies si différentes du système artériel restent confondues dans l'esprit de beaucoup de médecins; même parmi ceux qui se sont plus particulièrement attachés à leur étude.

Maintenant faut-il penser avec le professeur v. Basch que l'hypertension artérielle que nous retrouvons à quelque degré dans toutes les formes de l'artério-sclérose, soit pour ce motif toujours le fait primitif, que ce soit elle qui, en imposant un excès de travail aux parois artérielles, en détermine la sclérose; elle qui détermine l'hypertrophie du cœur; elle qui provoque l'albuminurie? En ce cas, à quoi serait due l'hypertension elle-même? Et comment comprendre, si elle est l'origine de toutes les scléroses, pourquoi elle en produit de si diverses?

Quand il s'agit d'état athéromateux, l'hypertension artérielle n'est certes point à l'origine une conséquence de l'hypertrophie du cœur, qui parfois existe à peine alors que les lésions artérielles sont déjà le plus accentuées. Il est impossible de ne pas penser, en présence des tracés sphygmographiques, qui dénotent une forme de tension très spéciale, que l'hypertension est dans ce cas la conséquence de l'état de la paroi artérielle. Qu'elle contribue, à partir du moment où elle existe, à exagérer les lésions des artères auxquelles elle impose un travail et une fatigue exagérée, cela est très vraisemblable et on peut dire même nécessaire; mais cela n'empêche que, à l'origine, l'altération des parois artérielles soit certainement le fait primitif et l'hypertension sa conséquence.

Pour ce qui concerne l'artério-sclérose généralisée capillaire, tout conduit à penser que la cause de l'hypertension est l'excès de résistance périphérique. La forme du pouls, l'élévation constante de la pression, le peu d'amplitude de son oscillation, l'ischémie des tissus, si manifeste en dépit de l'excès de la pression artérielle, en sont autant de preuves. Sans doute l'hypertrophie du cœur marche en général du même pas. Mais comment croire ici encore que cette hypertrophie puisse être la cause première de l'hypertension quand on considère sa forme si spéciale, si différente de celle des hypertrophies primitives connues et quand on ajoute qu'elle affecte d'une façon tout à fait prédominante le ventricule gauche, comme dans tous les cas où sa cause est un obstacle au cours du sang artériel.

Si l'on cherche enfin quelle peut être la cause des lésions artérielles, d'où l'hypertension résulte dans l'un et l'autre cas, il est difficile de ne pas se persuader que des lésions aussi différentes doivent se rapporter à des causes différentes elles-mêmes. Or, à considérer l'ensemble des faits, on est, ce me semble, bien fondé à présumer que la sclérose athéromateuse, à laquelle si peu de gens échappent complétement en avançant en âge, résulte de l'action sur les parois artérielles des infections et intoxications diverses, auxquelles nous sommes si constamment exposés et par lesquelles nous sommes si souvent touchés pendant toute la durée de notre existence ; d'autre part que la sclérose artérielle généralisée capillaire a son terrain tout au moins préparé par la dyscrasie arthritique et se développe également sous l'influence de causes infectieuses diverses, notamment de la scarlatine. Mais c'est là une question de pathogénie sur laquelle la sphygmomanométrie n'a pour le moment rien de plus à nous dire et je m'abstiendrai par conséquent de la poursuivre ici.

Diabète. — Pour le diabète, des notations m'ont donné à l'hôpital une moyenne de 22.5, chiffre supérieur encore à celui des brightiques. Le chiffre maximum avait été de 26,5, le chiffre inférieur 17,5. De même que les brightiques, les diabétiques de la ville présentent en général et pour les mêmes raisons une pression plus élevée que ceux des hôpitaux[1].

Un cas de diabète insipide m'a donné aussi un chiffre très élevé 26.

Mais les documents me manquent pour déterminer quelle est chez les diabétiques la part qu'il faut faire, pour expliquer cette hypertension à l'artério-sclérose et à la néphrite interstitielle qui lui est souvent associée ; qu'elle appartient à la glycémie elle-même ou aux causes qui l'ont fait naître.

[1]. Pour les malades de la ville, une statistique portant sur 56 diabétiques a donné :

Pression maxima 31
   —   minima 10
   —   moyenne. 23,44
Chiffre le plus fréquent 26

P.-J. T.

II

INFLUENCE DU DEGRÉ DE LA PRESSION ARTÉRIELLE
ET DE SES MODIFICATIONS
SUR LES CIRCULATIONS VISCÉRALES
ET PÉRIPHÉRIQUES

On a vu que la pression artérielle fort inégale suivant
les sujets, est à la fois d'une fixité remarquable quant
au niveau auquel elle tend à se maintenir ou revenir
chez chaque individu, et néanmoins susceptible de
variations limitées mais incessantes, sous l'influence de
causes physiologiques ou pathologiques très diverses.
Or, cette pression, produit de l'énergie ventriculaire, est
la force en vertu de laquelle le sang progresse dans les
réseaux capillaires. Toutes les puissances qui interviennent en outre et contribuent aux actes circulatoires
ne sont que des régulatrices de cette force unique. Il
semblerait donc que l'activité de la circulation périphérique dût être en rapport avec le degré d'intensité de
cette force que le sphygmomanomètre peut mesurer. Il
n'en est rien cependant et les forces régulatrices ont
une influence si grande sur la répartition du sang dans
les capillaires, que la quantité du sang qui pénètre les
organes et la rapidité avec laquelle il les parcourt sont
presque indépendantes de la pression artérielle. Avec

une pression faible ou forte, on peut avoir presque également une circulation abondante ou pauvre, languissante ou rapide. Les maladies en fournissent d'incessants exemples.

Ainsi chez les brightiques, dont la tension artérielle est habituellement si haute, la circulation périphérique est pauvre, comme en témoigne assez la pâleur de leurs tissus et la tendance constante au refroidissement des extrémités. Il ne pénètre dans les organes que la quantité de sang tout juste nécessaire. Ce sang traverse rapidement les vaisseaux dont le calibre est réduit. Il ne se produit pas d'œdème. Les congestions actives sont chez ces malades néanmoins possibles et alors accompagnées d'une suractivité grande de la circulation locale. Parfois cependant de la stase aussi se produit et de l'œdème apparaît.

La fièvre typhoïde, au contraire, est une maladie à pression constamment basse. Cependant, dans les formes dites sthéniques de cette maladie, la circulation périphérique est souvent d'une extrême activité. Le sang distend les veines et y coule avec une vitesse inaccoutumée, dont témoignent les souffles souvent intenses qui s'y produisent. Sans que la pression soit différente, il se produit à d'autres instants des stases, des congestions passives étendues, où le sang en abondance et dans des vaisseaux dilatés circule cependant mal et paresseusement. De même dans la maladie appelée asphyxie symétrique des extrémités, avec une pression relativement basse et une circulation périphérique également pauvre, tantôt les tissus sont exsangues et rétractés, tantôt gonflés par le sang qui y stagne et se désartérialise complètement.

Ce serait donc une erreur de croire que l'on puisse très efficacement remédier aux troubles des circulations périphériques ou viscérales en modifiant plus ou moins la pression du sang dans le système aortique et que les agents qui s'y montrent utiles le soient précisément par ce mécanisme. Ce serait se faire illusion, par exemple, d'imaginer que la saignée, si puissante parfois, le soit précisément en abaissant la tension artérielle puisqu'elle le fait à peine et c'est d'autre façon qu'il convient d'expliquer son action incontestable.

Il importe au contraire de ne point perdre de vue l'espèce d'autonomie en vertu de laquelle les organes règlent en quelque sorte leur propre circulation par l'intermédiaire de la vaso-motricité et des réflexes qui la mettent en jeu.

Les variations de la vaso-motricité modifient ainsi considérablement et parfois transforment les résultats de la tension artérielle créée par l'activité cardiaque.

Il ne faudrait pas non plus cependant penser que la force de propulsion avec laquelle le sang aborde le système artériel soit chose indifférente. Il est certain qu'une pression artérielle suffisamment élevée rend la circulation moins accessible aux causes de perturbations et qu'avec une pression fort abaissée, ces perturbations se produisent au contraire avec une extrême facilité. Chez un sujet dont la tension artérielle est normale, les changements de position du corps troublent peu la circulation ; le passage de la position horizontale à la position assise, n'entraîne aucun trouble appréciable. Chez un convalescent, chez un sujet qui a subi des pertes de sang répétées et dont la pression s'est beaucoup abaissée, un pareil changement détermine aisément du vertige et même la perte de connaissance. C'est qu'un abaissement de 5 à 6 centimètres de mercure chez un sujet chez qui la pression artérielle est de 17 ou 18 centimètres laissera encore dans les vaisseaux de la base du crâne une pression de 12 ou 13 avec laquelle la circulation cérébrale pourra demeurer suffisante; tandis que si elle n'est que de 11 ou 12 dans la position horizontale, réduite à 6 ou 7, elle pourra ne pas suffire à maintenir la circulation dans les capillaires du cerveau. Il y a longtemps que Piorry nous avait enseigné à étendre sur le parquet les gens qui entrent en syncope.

L'expérience apprend vite, au contraire, aux sujets dont les vaisseaux cérébraux manquent de résistance, qu'ils gagnent quelque chose à avoir la tête élevée, c'est-à-dire à diminuer la pression à laquelle les vaisseaux sont soumis.

III

DE L'ACTION DES MÉDICAMENTS
ET SPÉCIALEMENT
DE LA DIGITALE SUR LA PRESSION ARTÉRIELLE

On a cru souvent pouvoir attribuer une grande part de l'action de certains médicaments à l'influence qu'ils exercent sur la pression artérielle et on s'est fait à cet égard beaucoup d'illusions. Bien des médicaments fort actifs n'en ont aucune qui soit sensible. Quelques-uns qui modifient très notablement la pression le font très indépendamment de leur action thérapeutique; ou plutôt les changements qu'on remarque dans la pression sanguine, ne sont qu'une conséquence des actions plus profondes qu'ils exercent sur l'intimité de nos organes et qui sont la vraie cause de leur puissance. Je n'en veux pour exemple que la digitale; celui de tous nos agents thérapeutiques qui agit de la façon la plus accentuée et la plus évidente sur le cœur et les vaisseaux.

L'action de la digitale a, entre autres, quatre effets très manifestes. Elle diminue la fréquence des pulsations; elle produit une diurèse parfois considérable; elle dissipe merveilleusement les œdèmes; elle augmente la pression artérielle. La subordination de ces effets divers semble très naturelle. Les œdèmes sans doute disparaissent emportés par la diurèse et, comme on sait qu'un accroissement de la pression du sang augmente la quantité des urines et tend à ralentir les battements du cœur, tout semble dériver de l'accroissement de la pression que la digitale produirait d'abord en agissant sur le cœur et les vaisseaux.

Or, quand on étudie très attentivement et dans un assez grand nombre de cas, ce qui survient à la suite de l'administration de ce médicament, il se trouve que les choses se passent très différemment; que les actions observées sont fort indépendantes les unes des autres et surtout de la pression; ou du moins qu'elles sont dans une dépendance réciproque bien différente de celle qu'on a imaginée.

La digitale agit sur le cœur directement et par l'intermédiaire de son système nerveux. L'expérimentation l'a montré surabondamment. Elle augmente l'énergie de ses systoles et de cette façon tend à augmenter la pression dans les artères. Elle en diminue la fréquence et par là tend à diminuer cette pression. Les deux actions se compensent parfois à l'égard de la pression artérielle, qui peut ne pas bouger, alors que toutes deux se produisent, et qui est en tout cas jusqu'ici leur effet, non leur cause.

Quant au reste on va voir ce qu'il en faut penser.

Voici un homme exempt de toute maladie du cœur ou des vaisseaux. On lui administre la digitale dans le but de combattre un priapisme douloureux. Avant l'administration du médicament son pouls est à 100 et sa pression à 18. La digitaline lui est donnée à la dose d'un, puis de deux cinquièmes de milligramme pendant 10 jours. Pendant ce temps son pouls se ralentit progressivement et arrive le 11ᵉ jour à 40. Mais la pression de la radiale, loin de s'élever s'abaisse progressivement jusqu'à 7.

Dix jours après que le médicament a été suspendu, le pouls remonte à 60 et la pression à 16.

Une femme de 25 ans, atteinte de rétrécissement mitral avec insuffisance, avait le pouls à 96 et une pression de 19,5. On lui administre d'une seule fois 1 milligramme de digitaline en solution. Le pouls tombe à 80 et la pression à 16. Un homme de 66 ans, affecté d'insuffisance mitrale et tricuspidienne, avait le pouls à 96 et la pression à 15. On lui administra de même 1 milligramme de digitaline. Le lendemain son pouls était à 84 et la pression à 15,5. Quelque temps après, le pouls était monté à 100, sa pression à 18. On lui donna encore 1 milligramme de digitaline. Le jour suivant le pouls était à 96 et la pression à 17. Pourtant la digitaline avait agi d'une façon éminemment favorable; car le cœur très dilaté avait notablement diminué de volume et la surface de sa matité qui au début mesurait 152$^{c.q.}$ était réduite à 117$^{c.q.}$, c'est-à-dire de $\frac{1}{8}$.

Un homme de 25 ans, affecté d'insuffisance aortique, de rétrécissement mitral avec insuffisance et d'insuffisance tricuspidienne, ayant le pouls à 112 et la pression à 12,5, prend 1 milligramme de digitaline et a le lendemain le pouls à 96 et la pression à 11,5. Un peu plus tard, le pouls étant remonté à 132 et la pression à 15,5, on répète l'administration de la digitale; le pouls tombe à 60 et la pression à 14.

Voilà donc que la digitale au lieu d'augmenter la pression l'abaisse au contraire de 1, 2, 5 et même 4 centimètres. Par où l'on comprend comment Chresteller a pu affirmer que l'influence de la digitale sur la tension artérielle n'est soumise à aucune règle. Cela n'empêche que pendant ce temps elle diminue comme de coutume la fréquence du pouls, et d'une façon bien notable, puisque cela a été en moyenne de 50 pulsations par minute. Certes ce n'est pas le mode d'action habituel de la digitale, qui d'ordinaire élève au contraire la pression, surtout quand celle-ci est initialement abaissée. Mais cela prouve que la diminution de fréquence du pouls est fort indépendante des changements de la pression et, si elle en dépend dans quelque mesure, n'en dépend que dans une mesure restreinte.

Ce que fait plus constamment la digitale quand le pouls est irrégulier et inégal; c'est d'égaliser les pulsations, en même temps qu'elle les régularise, en élevant les plus faibles et abaissant les plus fortes. Le résultat souvent, c'est que la moyenne des pressions n'a pas changé, mais les maxima se sont abaissés. Et c'est par là que dans un certain nombre de cas il se produit un abaissement apparent de la pression.

En ce qui concerne les rapports de la pression et de la diurèse, leur indépendance n'est pas moins frappante. En voici un exemple :

Un homme, atteint d'hypertrophie du cœur et très œdématié, ne rendait que 500 centimètres cubes d'urine par jour. Sa pression était de 27. On lui administra 1 milligramme de digitaline cristallisée en solution. Le surlendemain il avait rendu dans les 24 heures 5 litres d'urine; son pouls était à 104 et sa pression à 25. A quelque temps de là la quantité d'urine étant redescendue à 700 centimètres cubes, le pouls étant à 112 et la pression à 20, on administre de nouveau la même dose de digitaline. La quantité d'urine monte à $3^{\text{lit}},500$ et le pouls descend à 76; mais la pression en même temps se réduit à 16, étant descendue de 4 centimètres cette fois et de 9 depuis le premier examen.

Ce fait est bien frappant. Mais il n'est pas du tout exceptionnel, et cela montre à l'évidence que l'augmentation de la diurèse produite par la digitale n'est pas non plus nécessairement et exclusivement le résultat de l'augmentation de pression.

Ce qui d'ailleurs arrive fréquemment, quand on administre la digitale à un cardiaque affecté d'œdème un peu considérable, c'est que la diurèse s'établit d'abord, quelquefois profuse, et s'accompagnant du même pas de la diminution de l'œdème, sans que bougent sensiblement ni la fréquence du pouls, ni le chiffre de la pression. Cela va ainsi jusqu'à ce que l'œdème ait complètement disparu. Le jour où les dernières traces d'œdème sont effacées, l'excès de diurèse cesse aussitôt et, à partir de ce moment quelquefois, le ralentissement du pouls et l'augmentation de la pression s'accentuent.

Ajoutons que la digitale ne détermine de diurèse bien notable et persistante que chez les sujets œdématiés. Il n'y a donc pas de diurèse digitalique accentuée sans résorption d'œdème et la diurèse cesse quand celle-ci ne se peut plus produire. En sorte que la diurèse dépend de la résorption et en est une conséquence; non celle-ci de celle-là.

Or, il faut renoncer à croire que l'augmentation de pression soit la cause des résorptions d'œdème puisqu'elle peut n'exister à aucun moment, et que d'autres fois elle ne vient qu'après coup. Par quel mécanisme la digitale peut-elle donc provoquer cette résorption de l'œdème que parfois elle détermine avec tant de puissance et d'une façon si heureuse?

Nous savons que la digitale agit sur la périphérie capillaire pour en augmenter la tonicité et cette action, moins facile à constater que celle exercée sur le cœur, n'en est pas moins certaine, ni moins marquée. Entre autres preuves Brunton et Tunnicliffe (*On the cause of the blood pressure produced by digitalis. Journ, of Physiol.*, 1896), en ont donné celle-ci : que chez un animal digitalisé la pression baisse notablement moins vite que chez un animal sain, quand on arrête le cœur en irritant le pneumogastrique, et que, chez un animal dont le cœur a cessé de battre, rien ne peut empêcher la pression de s'abaisser, si ce n'est la difficulté que le sang trouve à s'écouler à la périphérie.

Que l'augmentation de tonicité des capillaires, en y rendant le courant plus rapide, favorise la résorption du liquide infiltré, de même que la stase amène l'infiltration ; c'est ce que l'on n'a d'ailleurs nulle peine à comprendre, quand on considère que la rapidité du courant augmente, comme on sait, l'activité de l'endosmose. L'élimination par les reins du liquide résorbé ne serait plus que la conséquence de ce fait qu'il a été jeté dans le torrent circulatoire. On conçoit qu'elle n'ait nul besoin pour se produire, d'un accroissement de la pression artérielle.

Voilà ce mécanisme de l'action diurétique de la digitale envisagé d'un point de vue bien différent du premier. Une des conséquences de tout cela, c'est qu'il n'y aurait aucun motif de se priver des bienfaits de ce médicament, pour cela seul que la pression artérielle semblerait déjà excessive et l'exemple cité plus haut le montre bien. Une autre conséquence c'est qu'il importe de se défier beaucoup de lui au contraire, quand le myocarde semble peu capable de répondre à ses sollicitations. Il se pourrait alors que les capillaires eussent par trop l'avantage, au grand dam d'un cœur épuisé et de tout l'organisme ; et qu'une asystolie grave fût la conséquence de cette intervention imprudente.

L'examen sphygmomanométrique peut être néanmoins, en quelques circonstances, un guide utile dans l'administration du précieux médicament. Il est certain que, lorsqu'on voit sous l'influence de celui-ci la pression insuffisante se relever ou une pression excessive peu à peu s'abaisser ou la tension s'égaliser, on est encouragé à persévérer dans son emploi ou à y revenir à des intervalles convenables ; que lorsque ces modifications n'ont pas lieu dans le sens favorable ou se produisent en sens inverse, c'est un motif de n'y point insister et de recourir à quelque autre remède.

Je n'ai voulu exposer ici ce qui concerne la digitale que comme exemple de la réserve dont il ne faut pas se départir, quand on fait intervenir la pression artérielle dans l'interprétation des actions médicamenteuses. Nous pourrions parcourir une série de médicaments à propos desquels nous aurions à citer des erreurs semblables. Ce serait sans grand profit. Qu'il nous suffise d'être mis en garde contre ces sortes de méprises.

NOTE

Dans toute la suite de ce travail j'ai cité les études
de sphygmomanométrie publiées par divers observateurs, surtout par le professeur v. Basch, inventeur de
la méthode, ou par quelques-uns de ses élèves. J'ai comparé leurs résultats à ceux que j'avais obtenus. Mais je
me suis abstenu de citer leurs chiffres. La raison, c'est
qu'ils ne me paraissent rigoureusement comparables ni
aux miens, ni entre eux. Et cela tient sans doute à ce
qu'ils ont été fournis par des instruments de modèles
différents. Le professeur v. Basch avertit lui-même
dans un de ses mémoires que les chiffres publiés par
Zadek et Chresteller ne concordent pas avec les siens,
parce que ces observateurs ont continué à se servir de
son instrument primitif; tandis que ceux qu'il donne
ont été obtenus avec le sphygmomanomètre métallique
qu'il avait fait construire en dernier lieu.

Je me suis procuré cet instrument et je l'ai employé
comparativement avec le mien. Le résultat a été que les
indications concordaient absolument pour les chiffres
inférieurs; mais qu'elles s'écartaient infiniment dans les
parties élevées de l'échelle. Cela ne tenait pourtant point
à une graduation défectueuse (car la graduation était
parfaitement exacte et concordante pour les deux instruments), mais à la disposition de la partie de l'appareil
qui sert à comprimer l'artère. Dans l'instrument du professeur v. Basch, la pelote élastique consiste en une
calotte de caoutchouc mince appliquée au bord d'une
cupule de laiton. Pour protéger la calotte de caoutchouc

ou pour éviter qu'elle ne s'écrase trop aisément quand on la comprime, elle est entourée d'une seconde cupule métallique maintenue par un très léger ressort et qui doit se relever et fuir à mesure que l'on augmente la compression. Mais inévitablement la calotte en s'étalant presse de plus en plus sur le cercle de cuivre, grippe sur lui et l'entraîne. C'est lui qui à la fin vient presser sur l'artère et, bien entendu, arrête aussitôt ses battements. C'est pour cela sans doute que l'instrument que j'ai eu entre les mains ne peut pas indiquer une pression arté-rielle supérieure à 20 centimètres et n'a pas été gradué au delà.

Dans l'instrument que j'ai fait construire et dont je me suis toujours servi, cette disposition n'existe pas. La pelote est entièrement en caoutchouc et on a eu soin de lui donner une forme allongée, de telle sorte que les seg-ments latéraux un peu plus fermes ne viennent jamais en contact de l'artère, pour peu qu'on y ait attention. Aussi peut-on constater avec elle des pressions élevées jus-qu'à 50 et au delà. J'ai lieu de tenir les indications les plus élevées pour aussi légitimes et exactes que les autres, les ayant contrôlées comme elles à l'aide du schéma dont j'ai donné la description dans les *Arch. de physiol.* en 1889. Cette circonstance explique pourquoi mes conclusions sont différentes de celles du médecin de Vienne relativement aux pressions élevées qui carac-térisent, notamment, la néphrite interstitielle; tandis que toutes les artério-scléroses se confondent pour cet auteur, au point de vue de la pression artérielle, en un groupe unique.

Au demeurant quelle que soit, sous ce rapport spé-cial, la défectuosité de son instrument actuel, le professeur v. Basch ne nous en a pas moins rendu un service très considérable en introduisant pour l'étude de la pression artérielle une méthode infiniment plus précise que celles qu'on avait employées jusque là, ou que l'on a cherché à lui substituer depuis. Elle a rectifié plusieurs des opinions qu'on s'était faites à l'égard de la pression artérielle et elle aurait été déjà singulièrement utile quand elle n'aurait eu d'autre résultat que d'empêcher les pathologistes trop fertiles en imagination de jouer imprudemment avec la pression artérielle.

RÉSUMÉ ET CONCLUSIONS

La pression artérielle peut être assez exactement mesurée chez l'homme dans la radiale, la temporale et la pédieuse par la méthode du professeur v. Basch. Si cette méthode n'en donne pas la valeur absolue d'une façon tout à fait rigoureuse, elle permet du moins d'en suivre très exactement les moindres variations.

Le chiffre de la pression artérielle varie avec l'âge, le sexe, l'heure de la journée, la température, la position du corps, le mouvement, la fatigue, l'alimentation, les impressions physiques ou morales. Il y a toutefois pour tout sujet à l'état normal un chiffre autour duquel oscillent les variations résultant de ces influences diverses; chiffre paraissant avoir une assez grande constance.

Chez un adulte au repos, la moyenne normale est de 17 avec des différences individuelles allant de 14 à 20.

La différence relative au sexe paraît être petite et porterait la moyenne de la femme à 16 au moins.

Les différences dépendant de l'âge sont les plus considérables; puisqu'elles vont, entre 5 et 80 ans, de 8 à 22 à ne tenir compte que des moyennes.

Les changements résultant du déplacement de l'avant-bras sont d'environ $0^{cm},7$ pour une dénivellation de 10 centimètres. — Ceux apportés par les changements de situation du corps sont des plus complexes, ils dépendent à la fois de la dénivellation et des influences compensatrices qui se produisent.

Le mouvement modéré élève la pression ; la fatigue l'abaisse.

L'alimentation peut agir dans les deux sens et très inégalement suivant qu'elle est modérée ou copieuse, indifférente ou excitante ; qu'elle est bien ou mal tolérée par l'estomac.

Les changements habituels de la pression atmosphérique sont trop progressifs pour avoir une influence appréciable sur la pression artérielle. Dans les changements brusques, une diminution de la pression atmosphérique élève la pression artérielle, une augmentation l'abaisse. Cette influence peut être compensée par une adaptation plus ou moins prompte suivant les sujets.

Une impression vive de température, qu'elle soit de chaud ou de froid, élève également la pression. — L'élévation progressive de la température ambiante paraît agir de deux façons : 1° en dilatant les capillaires périphériques, ce qui abaisse la pression ; 2° en stimulant le cœur, ce qui l'augmente. Les deux effets se compensent plus ou moins suivant les circonstances.

La moyenne des pressions relevées chez les malades a été de 15,5. Elle est inférieure à la moyenne des pressions relevées dans l'état normal. On peut donc dire que en général l'état de maladie abaisse la pression et qu'il en est ainsi dans la très grande majorité des cas.

Les maladies peuvent se partager sous ce rapport en cinq catégories : maladies à pression très basse, à pression basse, à pression moyenne, à pression forte, à pression très forte. — La catégorie des maladies à pression très basse comprend surtout les cachexies, celle des pressions basses. les maladies fébriles et la tuberculose pulmonaire, celle des maladies à pression très forte la sclérose artérielle généralisée capillaire accompagnant la néphrite interstitielle et le diabète.

L'action des maladies fébriles sur la pression artérielle paraît irrégulière parce qu'elle est complexe. L'infection est une cause d'abaissement, l'excitation fébrile une cause d'élévation. Ces deux influences paraissent se combiner dans des proportions très diverses et variables ; d'où l'irrégularité habituelle des variations de la pression dans ces maladies.

La recherche de la pression artérielle peut en certaines circonstances constituer un élément très important de sémiologie.

Une pression constamment très basse dans une fièvre indéterminée rendra la fièvre typhoïde probable. Une pression inférieure à 14 chez un sujet non cachectique, par exemple chez une femme ayant les apparences de la chlorose, rendra très vraisemblable une tuberculose encore latente. Une pression supérieure à 15 chez un phtisique avéré rend très probable l'existence d'une complication de pneumonie ou de néphrite. Si on ne peut trouver ni présumer aucune sorte de complication, cela rendra très vraisemblable, au contraire, en dépit des signes locaux persistants. que le processus tuberculeux est enrayé et tend à sa guérison. Une pression supérieure à 24 devra faire rechercher la glycosurie et, si celle-ci n'existe pas, considérer le sujet comme atteint de néphrite interstitielle et de sclérose artérielle généra-

lisée capillaire. Un sujet présentant une pression inférieure à 18, s'il n'est pas cachectique ou en asystolie,
n'est suivant toute vraisemblance point affecté de cette
maladie.

L'abaissement rapide de pression dans le cours d'une
maladie est d'un pronostic fâcheux, si ce n'est au moment
de la défervescence.

Le pronostic ne saurait se régler dans les maladies
du cœur d'après le chiffre absolu de la pression.

Il faut se garder d'imputer trop aisément les actions
thérapeutiques aux modifications de la pression artérielle qui les accompagnent. Elles en sont souvent tout
à fait indépendantes.

Les influences qui modifient la pression artérielle
n'agissent point directement sur elle, mais par l'intermédiaire du cœur, des artères, ou de la périphérie vasculaire.

La sphygmomanométrie ne peut nous renseigner sur
le fonctionnement des parties différentes du système
sanguin que d'une façon indirecte. Il est permis néanmoins d'en tirer des enseignements utiles et à certains
égards d'un grand intérêt.

Elle peut en particulier rendre de signalés services
pour le diagnostic de la néphrite interstitielle et la dif-
férenciation parfois si difficile de la chloro-anémie simple
et de la tuberculisation commençante.

TABLE DES MATIÈRES

BIBLIOTHÈQUE CENTRALE

44263. — Imprimerie Lahure, rue de Fleurus, 9, à Paris.

A LA MÊME LIBRAIRIE

Traité de Médecine, *deuxième édition*, publié sous la direction de MM. Bouchard, professeur de pathologie générale à la Faculté de Paris, membre de l'Institut, et Brissaud, professeur à la Faculté de médecine de Paris, médecin de l'hôpital Saint-Antoine. 10 volumes grand in-8, avec figures dans le texte. *En souscription* . . . . 150 fr.

Traité de Pathologie générale, publié par Ch. Bouchard, membre de l'Institut, professeur de pathologie générale à la Faculté de médecine de Paris. Secrétaire de la rédaction : G.-H. Roger, professeur agrégé à la Faculté de médecine, médecin des hôpitaux. 6 vol. grand in-8 avec nombreuses figures dans le texte. *En souscription*. 120 fr.

Traité de Physiologie, par J.-P. Morat, professeur à l'Université de Lyon, et Maurice Doyon, professeur à la Faculté de médecine de Lyon. 5 vol. grand in-8 avec nombreuses figures noires et en couleurs. *En souscription*. . . . . 50 fr.

Traité élémentaire de Clinique thérapeutique, par le Dr Gaston Lyon, ancien chef de clinique à la Faculté de Médecine de Paris. Quatrième édition, revue et augmentée. 1 fort volume grand in-8 de 1540 pages, relié toile . . . . 25 fr.

Éléments de Physiologie, par Maurice Arthus, chef de Laboratoire à l'Institut Pasteur de Lille. 1 vol. in-16 diamant, avec figures dans le texte, cartonné toile . . . . 8 fr.

Traité d'Anatomie humaine, publié par P. Poirier, professeur agrégé à la Faculté de médecine de Paris, chirurgien des hôpitaux, et A. Charpy, professeur d'anatomie à la Faculté de Toulouse. 5 vol. grand in-8, avec très nombreuses figures, la plupart en plusieurs couleurs. *En souscription* . . . . 150 fr.

La Pratique dermatologique, *Traité de dermatologie appliquée*, publiée sous la direction de MM. Ernest Besnier, L. Brocq, L. Jacquet. 4 volumes formant ensemble environ 3 600 pages, très largement illustrés de figures en noir et de planches en couleur, richement cartonnés toile. *En souscription* . . . . 150 fr.

Les Maladies infectieuses, par G.-H. Roger, professeur agrégé à la Faculté de Médecine de Paris, Médecin de l'hôpital de la Porte d'Aubervilliers, Membre de la Société de Biologie. 1 vol. in-8 de 1520 pages, publié en deux fasc., avec figures dans le texte . . . . 28 fr.

Traité d'Hygiène, par A. Proust, professeur d'hygiène de la Faculté de médecine de l'Université de Paris, membre de l'Académie de médecine, du Comité consultatif d'hygiène publique de France, inspecteur général de Services sanitaires. *Troisième édition revue et considérablement augmentée*, avec la collaboration de A. Netter, professeur agrégé à la Faculté de médecine, médecin de l'hôpital Trousseau, membre du Comité consultatif d'hygiène publique de France, et H. Bourges, chef du laboratoire d'hygiène à la Faculté de médecine. 1 vol. in-8, avec figures et cartes dans le texte, publié en 2 fascicules. *En souscription*. . . . . 18 fr.

11263. — Imprimerie Lahure, rue de Fleurus, 9, à Paris.